IN 30 TAGEN ZUM NETWORK MARKETING PROFESSIONAL

STEFAN SOMMER

Originalausgabe

1. Auflage: September 2020
Verlag: Sommer Holding, Oelde (DE)
Gedruckt in: Deutschland
ISBN Hardcover: 978-3-00-066200-3

Der Preis dieses Bandes versteht sich einschließlich der gesetzlichen Mehrwertsteuer.

Bibliografische Information der Deutschen Nationalbibliothek: Die Deutsche Nationalbibliothek verzeichnet diese Publikation in der Deutschen Nationalbibliografie; detaillierte bibliografische Daten sind im Internet über http://dnb.d-nb.de abrufbar.

Dieses Buch widme ich meinem Mentor, der es nicht nur geschafft hat, mein komplettes Potenzial abzurufen, sondern mich außerdem dazu beflügelt hat, mein Meisterstück zu realisieren. Er hat mich zu dem Menschen gemacht, der ich tief in meinem Herzen immer sein wollte. Mein allergrößtes Glück auf Erden ist es, dass mein Mentor 24/7 für mich da ist und mich geheiratet hat.

Leyla Sommer, ich liebe dich bis zum letzten Atemzug und darüber hinaus.

In Liebe und Dankbarkeit,

Stefan

Inhalt

Vorwort

Stefan Sommer

Für mich ist das alles nur ein ganz großes Bla, bla, bla.

Herzlichen Glückwunsch – ich gratuliere dir zu deinem Mut. Du hast eine Entscheidung getroffen! Mit diesem Buch hältst du ein Tool in den Händen, das dein bisheriges Wissen über Erfolg im Leben in Frage stellen kann.

Ich hatte nie das Bestreben ein Buch zu schreiben, denn ich schreibe nicht gerne. Doch es gibt einen Grund, weshalb ich es dann doch getan habe: Wir leben momentan in einer Zeit, in der sich jeder, der gerne schreibt, als Profi positioniert und vielen Menschen mit ***»Groschenromanen«***, sogenannten ***»Erfolgsbüchern«*** oder »***Motivationscoachings«*** ein besseres Leben verspricht.

Diese Bücher und Vorträge fangen alle ähnlich an, indem sie die typische Story vom ***»Tellerwäscher zum Millionär«*** erzählen. ***»Ich hatte eine schwere Zeit, ich war ganz unten. Ich habe alles versucht .... Nun möchte ich mein Wissen teilen und dir die wirklichen Geheimnisse des Erfolgs, den Schlüssel für Reichtum und die Strategie für Wohlstand weitergeben.«*** Für mich ist das alles nur ein ganz großes Bla, bla, bla.

Fehlt es uns in dieser Zeit wirklich an Wissen?
Wissen wir nicht, wie man sich Ziele setzt?
Wissen wir nicht, dass unsere Gedanken unsere Körperhaltung prägen?

Wissen wir nicht, dass uns unser direktes Umfeld beeinflusst?
Wissen wir nicht, dass der Glaube Kraft gibt?
Wissen wir nicht, dass wir anziehen, was wir ausstrahlen?
Wissen wir nicht, dass Rauchen unserer Gesundheit schadet?
Wissen wir nicht, wie gesunde Ernährung funktioniert?
Wissen wir nicht, wie wir unser Körpergewicht reduzieren können?

All das und vieles mehr können wir überall nachlesen. Eigentlich besitzen wir doch so viel Wissen, wie kommt es also, dass wir – obwohl wir so viele Bücher von Profis gelesen und tausende Euro für Coachings ausgegeben haben – immer noch mit gesenktem Kopf durch die Gegend laufen? Dass wir uns keine glasklaren Ziele setzen und dass wir uns immer noch mit negativ denkenden Menschen umgeben, obwohl wir es doch eigentlich besser wissen müssten?!

Wie kommt es, dass wir nicht einmal an uns selbst glauben? Dass wir unsere Gesundheit schädigen und es immer noch nicht geschafft haben, Körpergewicht zu verlieren?

Es fehlt uns nicht an Wissen. Die Lösung ist eine andere: Es braucht den Wunsch, etwas von Herzen zu wollen, und die nötige Disziplin zur Umsetzung.

Wenn du deinem Leben wirklich eine neue Wendung geben möchtest, dann musst du den Mut aufbringen, dieses Buch nicht nur zu lesen, sondern die Inhalte auch umzusetzen. Nur dann kannst du tatsächlich eine Veränderung schaffen. Wenn du mein Wissen annimmst und anwendest, dann wirst du in 30 Tagen zum Network-Marketing-Profi und du wirst spüren, dass du alles erreichen kannst, wenn du wirklich willst.

Stefan

Einleitung

So arbeitest du mit diesem Buch

Ich nehme in diesem Buch kein Blatt vor den Mund. Ich spreche Klartext und ich sage dir, was im Network Marketing funktioniert und weshalb es funktioniert. Ich bilde dich in 30 Tagen zum Network-Marketing-Profi aus und hier ist es egal, ob du neu in der Branche bist oder bereits Erfahrungen gesammelt hast. Wichtig ist, dass du das Wissen aus diesem Buch nicht nur in der Theorie verstehst, sondern in der Praxis anwendest. Ich gehe mit dir Schritt für Schritt den Weg zu einer erfolgreichen Führungskraft, denn das ist meine Mission.

Meine Mission ist, dich an die Spitze zu führen, und dafür gebe ich 100 Prozent.

Auf den nachfolgenden Seiten lernst du, wie ein Profi zu denken, wie ein Profi aufzutreten und wie ein Profi zu handeln. Jeder Sportler hat einen Trainer, der ihn zu Höchstleistungen antreibt, und ich bin dieser Trainer für dich – wenn du es **JETZT WILLST**!

Dieses Buch hilft dir, deine Handbremse zu lösen, damit du endlich Vollgas geben kannst. Wenn du wirklich willst, dann kannst du alles schaffen.

Nutze dieses Buch, um schneller besser zu werden. Ich empfehle dir, die nachfolgenden Seiten der Reihe nach durchzulesen, damit du schnell ins Tun kommst. Wissen führt zu neuem Denken und neues Denken führt zu neuem Handeln. Handeln führt zum Erfolg. Danach kannst du bei Bedarf die einzelnen Kapitel immer wieder nachschlagen, wenn du Fragen hast, Motivation brauchst oder nicht weiterkommst. Mit diesem Buch bist du unabhängig von deinem Sponsor, unabhängig von einer Führungskraft und unabhängig vom Wissen anderer. Dieses Buch enthält alles, was du brauchst, um deine Wünsche, Träume und Ziele endlich zu realisieren. Wenn du dieses Buch durchgelesen hast, dann gibt es keine Ausreden mehr.

Du brauchst dich beim Aufbau deines Geschäfts nicht mit Erklärungen aufhalten. Nutzen deine Teampartner die Inhalte aus diesem Buch, dann bleiben keine Fragen offen. Lasse sie lesen, lernen, umsetzen – so entsteht Duplikation und mit der Duplikation kommt der Erfolg.

Dieses Buch ist dein Leitfaden für ein neues Leben. Das Buch ist deine Arbeitsgrundlage, dein Tool für den Geschäftsaufbau, dein Nachschlagewerk und deine Motivation.

1. Deine Wünsche werden wahr

***»Wenn du darüber sprichst, ist es ein Traum.
Wenn du es dir vorstellst, ist es möglich.
Doch wenn du es planst, dann ist es echt.«***

1.1. Dein ganz großer Traum

Welchen Wunsch hast du?
Welchen ganz großen Traum träumst du?
Was möchtest du besitzen, erreichen, umsetzen, erleben?
Gibt es etwas, das dir ein Lächeln auf das Gesicht zaubert, wenn du daran denkst?

Jeder von uns trägt doch einen ganz großen Traum in sich und wünscht sich so sehr, dass dieser Traum in Erfüllung geht. Vielleicht hast du eine besondere Vorstellung davon, wie oder wo du leben möchtest oder wie deine Beziehung aussehen soll. Vielleicht hast du in Gedanken schon einhundert Mal erlebt, wie du neben deinem Traumpartner aufwachst, wie die Sonne in die Fenster deines Traumhauses scheint und wie du glücklich und erfüllt in den Tag startest. Spürst du tief im Herzen, dass sich dein Traum einmal erfüllen wird? Network Marketing ist das einzige Geschäftsmodell, das dir all deine Wünsche nach Freiheit, Unabhängigkeit, Selbständigkeit, Selbstbestimmtheit und finanzieller Grenzenlosigkeit – also materiell und ideell – erfüllen kann.

Soll ich dir etwas verraten? Ich habe mein Traumleben immer vor meinen Augen gesehen. Und ich habe mir ganz genau vorgestellt, wie ich leben will. Jedes Haus, in dem ich in den letzten 25 Jahren gelebt habe, war mein Traumhaus. Ich habe das Haus in meinen Träumen gesehen und habe gefühlt, dass ich mir diesen Traum selbst erfüllen kann. Ich habe mich niemals mit Kompromissen zufrieden gegeben und mein ganz großer Traum hat mir jeden Tag den Antrieb gegeben, den ich brauchte, um mehr zu geben, als zu nehmen. Dieses Glücksgefühl steigt immer noch in mir auf, denn ich weiß, dass ich durch mein Tun meine Träume erfüllen kann. Leyla und ich haben einen ganz großen Traum und dieser Traum ist zugleich unser größtes Ziel. Wir wollen etwas bewegen und wir wollen das Leben anderer Menschen besser machen. Unser ganz großer Traum ist es, ein Areal für Tiere zu schaffen, auf dem sie ihren Lebensabend verbringen können und auf dem wir Menschen vom Rande der Gesellschaft eine Arbeitsperspektive bieten. Als Ehepaar halten wir an diesem großen Traum fest und wir beide sehen diesen Hof genau vor unseren Augen und wissen, dass sich unsere Aktivität jetzt lohnt, weil sich der Einsatz später im Erreichen unseres Traums auszahlen wird.

Wenn du eine ganz genaue Vorstellung davon hast, wo und wie du leben möchtest, wie dein Umfeld aussehen soll und von wem du umgeben sein willst, dann musst du dir diese Realität selbst schaffen.

Und hier stellt sich die Frage: Was bist du bereit, dafür zu tun?

Was tust du, damit deine Beziehung wieder so aussieht wie am Anfang, als ihr beide Schmetterlinge im Bauch hattet und verliebt Zärtlichkeiten ausgetauscht habt? Was unternimmst du, um endlich aus der kleinen Mietwohnung in dein Traumhaus zu ziehen, um dein Traumauto zu fahren oder deinen Traumurlaub zu erleben? Dein ganz großer Traum wird sich nur erfüllen, wenn du etwas dafür tust. Nur, wenn du bereit bist, etwas für dein neues Leben zu geben, und wenn du erkennst, dass es allein an dir liegt, dein Leben in eine andere Richtung zu drehen, dann hast du die Macht und kannst dein Leben wirklich verändern.

Weshalb hat sich dein Traum noch nicht erfüllt? Was muss sich verändern, damit aus deinem ganz großen Traum Realität wird?

Vielleicht hat sich der Alltag in dein Leben eingeschlichen. Oft schauen wir gar nicht mehr so genau hin, wissen nicht mehr zu schätzen, was wir haben, und nehmen vieles als selbstverständlich wahr. Öffne deine Augen! Schau genau hin! Wenn du bewusst wahrnimmst und zulässt, so dass du die schönen Dinge und Momente im Leben siehst, dann kannst du dich für neue Erfahrungen öffnen und kannst alte Muster erkennen und verändern. Wenn du alte Muster veränderst, dann wirst du dich selbst verändern und dann wird sich dein Leben verändern. Du kommst deinem ganz großen Traum Stück für Stück näher und näher.

Sei mutig, träume groß.

Wenn du weißt, dass du es in der Hand hast, deinen ganz großen Traum zu realisieren, dann überträgt sich dieses (Selbst-)Bewusstsein auf dein Denken, auf dein Geschäft und auf dein Leben. Wenn du dich als Gestalter deiner eigenen Zukunft siehst, dann werden dich auch andere so wahrnehmen. Und wer dir glaubt, der wird dir folgen.
Du hast ein Recht auf ein glückliches Leben und so solltest du nicht

hoffen, dass sich dein ganz großer Traum einmal erfüllen wird, sondern du solltest wissen, dass er kommt. Ab heute darfst du die Worte »Ja, aber ...« und »Ich hoffe ... « aus deinem Wortschatz streichen. Wer hofft, der rechnet unterbewusst mit dem Gegenteil. Hoffnung erledigt nicht die Arbeit. Wenn du hoffst, dass sich dein Network-Marketing-Geschäft gut entwickelt, dann sagt du im Prinzip, dass du irgendwie nicht daran glaubst, dass du erfolgreich wirst. Wer pessimistisch denkt und sich dann freut, dass sich eine Situation doch positiv entwickelt hat, der denkt falsch. Du darfst dir vom Leben holen, was dir zusteht, und das bedeutet auch, dass du dir deinen ganz großen Traum selbst erfüllen kannst. Und Network Marketing kann dazu beitragen.

Welchen ganz großen Traum träumst du, für den du bereit bist, dich zu verändern, und der dich jeden Tag neu antreibt, dein Bestes zu geben?

1.2. Du allein entscheidest, was du daraus machst

Im Network Marketing hast du keinen Chef und somit hast du niemanden, der dir vorgibt, wann und wie du arbeiten musst. Du selbst triffst deine Entscheidungen, und somit liegt es nur an dir, was du aus den Informationen machst, die du hier in diesem Buch findest. Doch das gilt nicht nur für die Infos aus diesem Buch: Tipps deines Sponsors, News vom Unternehmen, Seminare ... du musst aus all dem Input die wichtigen Bausteine für dich herausfiltern, die du wirklich brauchst, um erfolgreich zu sein.

Du allein entscheidest, was du daraus machst.

Du hast das Recht, frei zu denken und frei zu entscheiden. Ich selbst erlebe jeden Tag, dass genau die Personen erfolgreich werden, die zu 100 Prozent umsetzen, was funktioniert. Ist doch logisch, oder? Wenn du heute erfolgreiche Networker siehst, dann frage dich immer, wie sie dorthin gekommen sind, wo sie heute stehen. Auch sie waren vielleicht am Anfang schüchtern und ängstlich, scheuten den Kontakt und konnten nicht vor Publikum auf der Bühne sprechen. Doch auch sie hatten einen ganz großen Traum, den unbedingten Wunsch nach Veränderung, und so haben sie eine Entwicklung vollzogen. Sie wurden nicht mit all ihren Fähigkeiten geboren. Nein, sie haben sich angeeignet, was sie brauchten, um erfolgreich zu sein. Sie haben ihre Denkweise verändert, die Angst abgelegt und sich ihren Traum noch stärker vor Augen geführt. Das kannst du auch. Ich sehe täglich Vertriebspartner, die ihre Chance nutzen, und ich bin glücklich und stolz, wenn ich ihre Erfolge sehe.

Es kommt immer darauf an, was du daraus machst.

Vertriebspartner haben die gleichen Produkte und die gleichen Informationen und doch erzielen sie nicht die gleichen Ergebnisse. Woran liegt das? Die Menschen sind verschieden. Jeder hat die gleichen Chancen und doch setzt jeder sie für sich anders um. Du weißt heute nicht, wie sich morgen deine Partner entscheiden. Du kennst ihre tiefsten Wünsche und Visionen nicht und du weißt nicht, welche Gefühle du in ihnen auslöst, wenn du ihnen dein Geschäft vorstellst. Es wird immer Partner geben, die zurückhaltender sind als andere und langsam wachsen, während die anderen vom Start an 100 Prozent geben. Letztlich liegt es auch an ihnen, was sie aus ihrer Chance machen. Den Anstoß dafür, den kannst du ihnen geben.

Bei all dem, was du tust, musst du dich auf das Positive konzentrieren. Du solltest dich nicht von negativen Menschen, Ereignissen und Gegebenheiten herunterziehen und beeinflussen lassen. Das gilt für dein Privatleben ebenso wie für dein Geschäft. Wenn du dich entscheidest, dich zukünftig auf die positiven Dinge zu konzentrieren, dann wirst du Positives anziehen. Du ganz allein entscheidest, was du in dein Leben ziehst. Du kannst die Menschen nicht verändern, aber du kannst deine Sichtweise verändern. Du bist dafür verantwortlich, wie du denkst, was du tust und wie groß du dein Geschäft aufbauen möchtest. Du musst niemandem – nicht deinem Sponsor, keiner Führungskraft und auch nicht dem Unternehmen – Rechenschaft ablegen, was du tust. Und ebenso wenig muss ein Partner aus deinem Team dir Rechenschaft ablegen. Network Marketing ist das Geschäft der Freiheit. Du hast mit deinem Einstieg ins Network Marketing die »Lizenz zum Erfolg« erworben und du ganz allein entscheidest, was du daraus machst.
Dieses Buch ist wie ein großes Büfett. Es gibt so viel zu entdecken und jeder entscheidet für sich, was er sich nimmt und was gut für ihn ist. Während einige zögerlich nur einen Happen greifen, wollen andere viel probieren. So ist Network Marketing. Deine Wünsche bestimmen deine Ziele und deine Ziele bestimmen dein Handeln. Über jeden einzelnen Euro, den du verdienst, hast du entschieden, denn du hast etwas dafür getan.

Du ganz allein entscheidest, wie groß dein Geschäft wird.

Du bekommst von mir alle Tipps, um in 30 Tagen zum Network-Marketing-Profi zu werden. Doch du allein entscheidest. Ich kann dir zeigen, wie man läuft, doch auf eigenen Beinen stehen musst du selbst. Du ganz allein entscheidest, ob du für dich und deine Familie jetzt richtig Gas gibst, um euch für die Zukunft abzusichern. ***Du ganz allein entscheidest.***

1.3. Glasklare Zielsetzung

Über deinen ganz großen Traum haben wir bereits gesprochen. Jetzt verlange ich von dir eine glasklare Zielsetzung, denn nur mit klaren Zielen – mit glasklaren Zielen – hast du überhaupt einen Grund, um aktiv zu werden. Und nur, wenn du deine Ziele vor Augen hast, kommst du ins Tun, damit sich dein ganz großer Traum erfüllen kann. Erinnerst du dich? Dein ganz großer Traum wartet nur darauf, endlich Realität werden zu dürfen.

Weshalb bist du im Network Marketing gestartet? Warum möchtest du dir ein nebenberufliches Einkommen aufbauen oder zum Profi werden, der ein passives Einkommen erzielt und langfristig Erfolg hat? Welchen Grund hast du, dein Leben aus der Ist-Situation in den Wunschzustand zu katapultieren?

Welche Ziele hast du?

Die Antwort auf diese Frage musst du nicht mir geben, sondern dir selbst. Denn: Die Grundvoraussetzung für den Erfolg im Network Marketing ist eine glasklare Zielsetzung. Wer schon einmal im Network Marketing Erfahrungen gesammelt hat oder zu Gast auf Seminaren war, hat sicherlich schon davon gehört, dass eine Zielcollage gebastelt werden soll. Auf dieser werden all die Wünsche und Träume aufgeklebt, die so schnell wie möglich in Erfüllung gehen sollen: der rote Ferrari, die Traumvilla für fünf Millionen Euro, die Reise an weiße Karibikstrände und, und, und ... Diese Träume müssen nur täglich visualisiert werden, dann werden sie wahr. Hast du eine Zielcollage? Haben sich deine Wünsche bereits erfüllt? Zeigst du deinen Freunden und Bekannten deine Collage und sagst ihnen, dass auch sie Millionäre werden können und dass sich all ihre Wünsche ganz schnell erfüllen? Wunderst du dich, dass sich die Menschen von dir abwenden und dich vielleicht sogar für einen Spinner halten? Eine Zielcollage wird dir deine Wünsche nicht erfüllen. Aber Ziele zu haben: Das ist wichtig.

Eine glasklare Zielsetzung ist im Network Marketing die Grundvoraussetzung für den Erfolg. Doch sollten nicht Ferrari, Villa und Karibik an erster Stelle stehen.

Als Networker brauchst du Ziele, denn du hast keinen Chef, der dir ein Ziel vorgibt. Im Network Marketing bist du dein eigener Chef, und nur, wenn du eigene Ziele hast und diese klar definierst, dann hast du eine Motivation für dein tägliches Tun. Denn nur, wenn du aktiv bist, lassen sich deine Ziele auch erreichen. Hierzu musst du wissen, dass der Start im Network Marketing nicht unbedingt der Tag ist, an dem sich ein Vertriebspartner im Unternehmen einschreibt.

Der Start im Network Marketing ist der Tag, an dem es im Kopf klick macht und er ins Tun kommt.

Leider werden im Network Marketing oftmals Versprechungen gemacht, die einfach total an den Haaren herbeigezogen sind. Ein Network-Marketing-Geschäft ist keine Garantie für die erste Million. Du kannst nicht über Nacht reich werden und es reicht nicht aus, wenn du dir deine Wünsche vorstellst, damit sie sich erfüllen. Eine Zielcollage mit Ferrari, Villa und Karibikstrand ist Quatsch. Zerreiße das Papier und werfe es in den Müll. Network Marketing ist alles andere als eine Schnell-reich-werden-Methode, denn der Aufbau eines festen Einkommens ist mit Arbeit verbunden. Und daher bringt es dir überhaupt nichts, wenn du dir so große Ziele setzt, die Kilometer weit entfernt sind und dich nur demotivieren, wenn du merkst, dass du sie nicht erreichen kannst. Wenn ich dir heute sage, dass dein Ferrari in Kapstadt auf dich wartet, du aber zu Fuß laufen musst, um ihn abzuholen, dann kannst du dir ausrechnen, wie viele Kilometer du zu gehen hast und wie viele Tage du unterwegs bist. Bist du bereit, diesen weiten und langen und beschwerlichen Weg zu gehen? Gehst du los oder sagst du dir, das ist eh unmöglich?

Setze dir realistische Ziele, die du auch erreichen kannst.

Wie viele Millionäre kennst du in deinem Umfeld? Wie viele Freunde von dir fahren einen Ferrari? Und wer wohnt alles in der Traumvilla für zig Millionen? Dein primäres Ziel sollte es nicht sein, Millionär werden zu wollen. Vielmehr brauchst du glasklare Ziele, die du erreichen kannst.

Du brauchst glasklare Ziele, die du heute erreichen kannst.

Du brauchst glasklare Ziele, die du diese Woche erreichen kannst.

Du brauchst glasklare Ziele, die du in diesem Monat erreichen kannst.

Du brauchst glasklare Ziele, die du direkt erreichen kannst. Wenn du dir glasklare und vor allem realistische Ziele setzt, dann hast du einen Grund, um ins Handeln zu kommen.

Und so solltest du dich jetzt fragen: Welche Ziele habe ich?

Eine glasklare Zielsetzung bringt dich an dein Ziel, denn eine glasklare

Zielsetzung zeigt dir genau, wann du wie vorgehen musst. Jeder Unternehmer hat glasklare Ziele. Der Imbissbudenbesitzer muss genau wissen, wie viele Kunden er täglich braucht, um seine Kosten decken zu können. Und auch der Modehändler hat klare Ziele, denn er weiß, wie viel Ware er verkaufen muss, um einen Gewinn zu erzielen. Jede echte Führungskraft im Network Marketing hat eine glasklare Zielsetzung, die es umzusetzen gilt. Und an dieser Zielsetzung hält jeder Network-Profi fest.

Doch Achtung: Eine glasklare Zielsetzung sollte nicht so aussehen, dass du dir dein Leben vorstellst, wie es in fünf Jahren aussehen könnte. Eine glasklare Zielsetzung sollte dir vielmehr aufzeigen, wie sich dein Leben in den nächsten vier Wochen verändern kann. Und daher solltest du dir genau überlegen, was du mit der Zeit, die du täglich in dein Geschäft investierst, erreichen kannst.

Welches ist dein persönliches Ziel?

Dein persönliches Ziel könnte beispielsweise sein, jede Woche eine Person für dein Team zu gewinnen.

Oder dein persönliches Ziel könnte sein, jede Woche zwei Menschen für dein Team zu gewinnen.

Dein Ziel könnte sein, jeden Tag eine Person für dein Geschäft zu gewinnen. Und wenn du dir dieses Ziel gesetzt hast, dann hast du ein Ziel für die nächsten 30 Tage und du weißt, dass es dein Ziel ist, in einem Monat 30 Menschen in dein Geschäft zu bringen. Das bedeutet, dass du jeden Tag drei bis fünf Personen ganz easy dein Geschäft vorstellen musst, um sie zu begeistern.

Und das machst du entweder in einem persönlichen Gespräch oder in einem Online-Call. Und wenn du dein Geschäft vorstellst, dann geht es nicht darum, dass du von den Produkten schwärmst, sondern es geht darum, dass du den Leuten erklärst, wie megageil dein Business ist. Du erzählst ihnen, was für eine großartige Möglichkeit du für dich entdeckt hast und dass auch sie die Chance haben, von all den Vorteilen des Network Marketings zu profitieren. Und wenn du nur zwei Partner in dein Team holen möchtest, dann führst du täglich ein Gespräch, und sieben Gespräche in der Woche werden dir bestimmt zwei neue Partner für dein Team bringen. Du kannst deine Ziele auch anhand deines gewünschten Einkommens definieren. Wenn du 500 Euro pro Monat im Nebenjob verdienen möchtest, dann musst du dir anhand des Vergütungsplans ausrechnen, was du dafür täglich tun musst. Auch hier gilt: Setze dir ein glasklares Ziel, nach dem du handeln kannst.

Wenn du dir glasklare Ziele setzt und merkst, dass du deine Ziele erreichen kannst, dann kannst du dir längerfristige Ziele setzen. Welches Einkommen möchtest du in drei Monaten erzielen? Welche Karrierestufe willst du in 90 Tagen unbedingt erreicht haben? Wenn du im Setzen und Erreichen von Zielen geübt bist, dann können die Ziele weitreichender sein. Du kannst die kommenden sechs Monate planen oder du setzt dir ein Jahresziel. Ein Lebensziel brauchst du dir heute allerdings noch nicht zu setzen.

Die glasklare Zielsetzung ist die Grundvoraussetzung im Network Marketing. Du bist Unternehmer, daher: Setze dir glasklare Ziele!

1.4. Abwarten, bis sich was ändert – Ab morgen? Nein: Jetzt!

Um deine Ziele zu erreichen und deinen ganz großen Traum zu realisieren, kannst du nicht abwarten, bis sich etwas von allein in deinem Leben verändert. Worauf willst du warten? Dass sich die Zeiten ändern? Dass die Politik eine andere wird oder dass deine Lebensumstände besser passen? Wer soll zu dir kommen, um dich aus deiner Komfortzone zu holen? Es wird niemand kommen. Oder glaubst du wirklich, dass das Glück von ganz allein an deine Tür klopft? Glück ist harte Arbeit.

Wenn du dir andere Network-Profis und ihre Erfolge anschaust, dann kannst du sehen, dass sie aktiv sind, dass sie nicht gewartet, sondern gehandelt haben. Sie setzen um, was es im Network umzusetzen gilt: Sie knüpfen Kontakte und bauen ein Team auf. Deine Denkweise entscheidet über dein Handeln und wenn du Network Marketing als ein ganz besonderes Geschenk betrachtest, das du auspacken und für dich nutzen darfst, dann solltest du dieses Geschenk dankbar annehmen, um dir ein nebenberufliches Einkommen aufzubauen und dir ein Stück Freiheit zu sichern.

Ich frage dich daher: Wartest du ab, bis sich etwas ändert, oder sorgst du dafür, dass sich deine Situation verändert?

Und ich frage gleich hinterher: Bist du umgeben von Menschen, die immer nur zögern, unsicher sind und nicht genau wissen, was sie wollen, oder hast du ein Umfeld, das genau so denkt wie du und Karriere machen will? Wenn ihr zusammen Schritt für Schritt vorwärtsgeht, dann führen diese

Schritte direkt ins Ziel. Wenn du mit deinen Freunden oder deiner Familie aber immer nur abwartest, bis sich etwas ändert, dann ziehen andere Vertriebspartner im Eiltempo an dir vorbei, weil sie erkannt haben, dass sich nichts von allein ändern wird. Es gibt nur zwei Möglichkeiten, die zwischen Erfolg und Misserfolg unterscheiden: machen oder abwarten und nach Ausreden suchen. Wer nach Ausreden sucht, um seine Zurückhaltung zu rechtfertigen, hat den Vorteil der Selbständigkeit nicht verstanden. Es liegt nicht an dem Weltgeschehen, an deinem Partner, deiner Familie, den Umständen, den Produkten, dem Unternehmen oder gar deinem Sponsor, wenn du keinen Erfolg hast. Dein Sponsor ist lediglich die Person, die dich in das Geschäft gebracht hat, doch er ist nicht für deinen Erfolg verantwortlich. Dein Sponsor kann dir Tipps geben und eine erste Hilfe sein, doch deine Karriere verantwortest du selbst.

Abwarten hat noch einen großen Bruder und dieser heißt Aufschieberitis.

Wie viele Leute kennst du, die schon einmal gesagt haben, dass sie etwas Neues beginnen wollen, es dann doch nicht getan haben? Gehörst du vielleicht auch zu diesen Leuten? Ab morgen fange ich an, nächste Woche geht es los, am ersten Tag des neuen Monats gebe ich so richtig Gas ... Und immer wieder verläuft das Vorhaben im Sande. Ganze Nationen planen zum Ende eines Jahres fleißig ihre Neujahrsvorsätze, und wie lange halten sie sich an ihre eigenen Vorgaben? Vielleicht wenige Wochen, einige Tage, ein paar Stunden oder gar nicht? Es gibt so viele Menschen, die ein Vorhaben auf den nächsten Montag oder den nächsten Monat verschieben, die Gründe haben, weshalb es jetzt nicht los gehen kann, sondern noch warten muss.

Der Keller kann nicht aufgeräumt werden, weil das Wetter gerade so schön ist.

Die Diät kann nicht starten, weil übermorgen noch ein tolles Essen im Terminkalender steht und mit einem eigenen Business kann ich erst anfangen, wenn die Kinder im Kindergarten sind, zur Schule gehen oder ausgezogen sind und ich mehr Zeit habe.

An der Krankheit Aufschieberitis – auch als Verschieberitis bekannt – leiden so viele Menschen und das Schlimme an dieser Krankheit ist: Kein Arzt kann helfen!

Wenn du unter Aufschieberitis leidest, dann zieht sich diese Krankheit tagelang, wochenlang und monatelang durch dein Leben und irgendwann ist wieder ein Jahr vorbei und du fragst dich, warum du keinen Erfolg gehabt hast.

Es gibt nie den perfekten Zeitpunkt, um etwas Neues zu beginnen. Es gibt immer Ausreden, die erklären, warum etwas ausgerechnet jetzt nicht passt. Wie gesagt: All das sind Ausreden! Aber ... und hier kommt das gefährliche Wort ABER ins Spiel, denn dieses rechtfertigt immer, warum andere etwas tun, das du gerade nicht tun kannst. Hinterfrage deine Ausreden: Haben die anderen wirklich mehr Zeit? Haben andere mehr Glück? Sind bei anderen die Voraussetzungen wirklich besser? Nein. Wenn andere Erfolg haben, dann liegt das an der Tatsache, dass sie heute etwas tun und nicht auf morgen verschieben.

Wer im Network Marketing erfolgreich sein will, der muss die Krankheit Aufschieberitis besiegen. Du kannst diese Krankheit ganz einfach los werden, indem du aufhörst, immer auf morgen zu verschieben.

Starte jetzt – oder starte gar nicht! Doch belüge dich nicht jeden Tag selbst, indem du deine Aktivität immer wieder neu verschiebst.

Wenn du dir ehrlich die Frage stellst, wann du der Chef über dein eigenes Leben sein möchtest, dann lautet die Antwort sicherlich nicht: Ab morgen, sondern sie lautet: JETZT!

Eine Kombination aus Ergebnissen und Ausreden gibt es im Network Marketing nicht. Wer Ergebnisse erzielt, der hat keine Ausreden. Es gibt nur das eine oder das andere. Entweder ich habe Ergebnisse, dann muss ich etwas tun, oder ich habe Ausreden, dann habe ich nichts getan. Es gibt keinen Grund, auf morgen, übermorgen, den nächsten Montag oder den nächsten Monat zu warten. Es wird niemand kommen, der dein Leben verbessert. Du selbst musst dein Leben verbessern, und das musst du sofort tun.

Suche nicht nach Ausreden, sondern suche Gründe, die für deine Aktivität sprechen.

1.5. Deine Gedanken sorgen für Außergewöhnliches

»Wenn mein Geist sich etwas vorstellen und mein Herz daran glauben kann – dann werde ich es erreichen.«

Im Network Marketing ist nichts unmöglich, auch wenn es sich im ersten Moment unmöglich anfühlt. Wenn du etwas wirklich willst, dann kannst du schaffen, was du dir heute vielleicht noch gar nicht vorstellen kannst. Du kannst 500, 1.000, 2.000 Euro nebenbei verdienen, denn wenn du dir andere Network-Profis anschaust, dann siehst du, dass dieses Einkommen absolut möglich ist. Natürlich brauchst du eine große Portion Selbstbewusstsein, Übung und Sicherheit, doch all das wird im Laufe der Zeit kommen. Vertriebspartner in deinem Unternehmen haben sich auch alle entwickelt und sie sind Step für Step in ihr Geschäft hineingewachsen und wurden von Tag zu Tag selbst sicherer. Wir kommen nicht auf diese Welt und all unsere Fähigkeiten sind uns gegeben. Wir müssen lernen, üben und wiederholen. So hast du Laufen gelernt, so hast du Fahrrad fahren gelernt, so hast du den Führerschein bestanden oder ein Musikinstrument spielen gelernt. Du hast so lange geübt, bis die Töne stimmten. Und genau so ist es beim Network Marketing. Du musst üben, damit aus deiner anfänglichen Unsicherheit eine Selbstverständlichkeit wird. Vielleicht geht es bei anderen Partnern schneller. Das ist egal. Der eine lernt schneller, der andere langsamer, was auch daran liegen mag, dass der eine mehr Zeit in den Aufbau seines Geschäftes investiert und der andere vielleicht weniger.

Wenn es nur eine einzige Person in deinem Unternehmen geschafft hat, erfolgreich zu werden, dann ist das doch der beste Beweis dafür, dass der Erfolg gelingen kann. Und das ist auch der Beweis dafür, dass auch du in deinem Unternehmen erfolgreich werden kannst. Vielleicht musst du in den ersten ein oder zwei oder drei Jahren Kompromisse machen oder auf einige Freizeitaktivitäten oder Urlaube verzichten, doch du weißt, dass sich deine Arbeit lohnen und später einmal auszahlen wird.

Kennst du ein Kind, das nicht wieder aufsteht, wenn es einmal hingefallen ist? Nein, dieses Kind gibt es nicht. Kinder stehen wieder auf und fallen hin und irgendwann können sie laufen. Wenn du immer wieder aufstehst, weil du weißt, dass aus deinen Gedanken außergewöhnliche Resultate werden können, dann wirst du üben, üben und üben, bis du dein Ziel erreicht hast.

Bitte vergleiche dich nicht mit anderen. Du gehst deinen eigenen Weg.

Ich bin bekannt dafür, dass ich bei den Menschen den Turbo zünde. Ich will schnelle Ergebnisse und schnelle Erfolge und ich marschiere schnell zum Ziel. Ich weiß, dass Gedanken Außergewöhnliches schaffen können, denn ich sehe jeden Tag Network-Profis, die diese außergewöhnlichen Ergebnisse erzielen. Und diese Ergebnisse sehe ich in allen Bereichen: Sie entwickeln ihre Persönlichkeit, verlieren Gewicht, trauen sich etwas, von dem sie früher nie gedacht hätten, dass sie es sich trauen würden. So stehen viele Vertriebspartner auf einmal ganz selbstbewusst und selbstverständlich vor der Kamera, fotografieren oder filmen sich für ihren Social-Media-Account oder sprechen von der Bühne aus zu anderen – und diese Partner haben Erfolg.
Wenn du jetzt noch nicht glauben kannst, dass deine Gedanken zu

deinen Ergebnissen werden, dann hast du den Fokus noch nicht stark genug auf deine Ziele und somit auf die Erfüllung deines ganz großen Traums gelegt. Doch du wächst in eine neue Denkweise hinein. Ich werde dir zeigen, wie du fokussiert bleibst, damit aus deinen Gedanken großartige Ergebnisse werden.

Der Moment wird kommen, an dem du stolz bist und spürst, was du alles erreichen kannst. In diesem Augenblick merkst du, dass deine Gedanken dein Handeln bestimmen und dass dein Handeln zu Ergebnissen und dann zum Erfolg führt.

Vertraue nicht auf Kalendersprüche, sondern vertraue dir selbst. Verändere deine Gedanken und dein ganzes Leben wird sich verändern. Du bist Unternehmer in deinem eigenen Unternehmen und es liegt ganz allein bei dir, deinem Unternehmen die Stärke zu geben, die es verdient hat, damit es kontinuierlich wächst.

Morgen kannst du erreichen, was du heute noch für unmöglich hältst. Du musst lediglich deine Kraft und Energie in den Aufbau deines Network-Marketing-Geschäfts stecken, damit du jeden Tag ein Stück näher an die Erfüllung deines ganz großen Traums kommst.

2. Das musst du tun

»Passives Einkommen kann nur durch aktive Arbeit erzielt werden. Es gibt keine Abkürzung.«

Du musst mit deinem Network-Marketing-Geschäft nicht das Ziel verfolgen, Millionär werden zu wollen. Jeder von uns hat unterschiedliche Ziele und während für den einen Vertriebspartner 200 bis 300 Euro im Nebenjob völlig ausreichend sind, um sich jeden Monat Wünsche erfüllen zu können, die er sich momentan noch nicht erfüllen kann, so strebt der andere höhere Ziele an und möchte eine Top-Führungskraft werden. Auch, um das Geschäft vielleicht einmal hauptberuflich zu betreiben. Unabhängig davon, welche Ziele du hast, ist die Arbeit immer die gleiche. Nur die Intension ist eine andere.

Die Arbeit im Network Marketing ist ganz einfach und unabhängig vom Unternehmen, in dem du eingeschrieben bist, immer gleich: Du kontaktierst Menschen und stellst ihnen deine Produkte und die Geschäftsmöglichkeit vor. Du erzählst deine eigene Geschichte, berichtest über deine Erfahrungen mit den Produkten und wie du in das Unternehmen gefunden hast. Du zeigst auf, welche großartigen Vorteile dir deine neugewonnene Selbständigkeit bringt, und du fragst deinen Gesprächspartner, ob er jemanden kennt, für den all diese Vorteile auch interessant sein könnten, um mehr persönliche Freiheit und mehr Zeit für die Familie zu gewinnen.

Ein Network-Marketing-Profi hält an seinem Ziel fest, denn er weiß, dass es sich lohnt, für seine Ziele aktiv zu sein. Ein Network-Marketing-Profi lässt sich nicht vom Weg abbringen, denn er möchte sich ein eigenes Geschäft aufbauen und strebt die finanzielle Freiheit an. Ein Profi weiß, dass vom Start bis zum Ziel ein Weg dazwischen liegt und dass dieser Weg gegangen werden muss. Wie du diesen Weg gehst, erkläre ich dir auf den nächsten Seiten.

2.1. Wer kennt mich?

Wer die meisten Menschen über sein Geschäft informiert, wird den größten und schnellsten Erfolg haben. Doch woher kommen diese Menschen?

Wer kennt dich?

Du hast richtig gelesen. Ich frage dich nicht, wen du kennst, sondern du solltest dich fragen: Wer kennt mich? Wenn du dir diese Frage stellst und auf einem Schreibblock die Namen aller (!) Personen notierst, die dich kennen, dann wirst du im Eiltempo Seiten füllen.

Deine Mutter kennt dich.
Dein Vater kennt dich.
Deine Tante kennt dich.
Dein Onkel kennt dich.
Deine Cousine kennt dich.
Deine Geschwister kennen dich.

Die Familie deiner Geschwister kennt dich.
Deine Freunde kennen dich.
Deine Nachbarn kennen dich.
Deine Arbeitskollegen kennen dich.
Dein Friseur kennt dich.
Dein Bankberater kennt dich.
Der Kellner im Restaurant kennt dich.
Die nette Verkäuferin in der Bäckerei kennt dich.
Deine Klassenkameraden von früher kennen dich.
Die Lehrer in der Schule deiner Kinder kennen dich.

All die Menschen, die in deinem Handy gespeichert sind, kennen dich!

Du siehst, wie viele Leute spontan notiert werden können, wenn du nur kurz überlegst. Es gibt so viele Leute, die dich kennen, und all diese Namen schreibst du auf ein Blatt Papier. Wenn du noch dazu von diesen Personen die Telefonnummer oder E-Mail-Adresse hast, dann kannst du diese gleich mit dazu vermerken.
Glaubst du, dass dir nicht viele Leute einfallen? Wenn ich dir sage, dass ich dir innerhalb von 24 Stunden für jede Person, die dich kennt, zehn Euro schenke, würdest du dann motiviert die Namen notieren? Ich weiß, dass deine Antwort »Ja« lautet.

Wenn du in den nächsten Tagen alle Personen aufschreibst, die dich kennen, dann kommen hier einige Seiten an Namen zusammen. Gehen wir einfach einmal von 200 Namen aus. Wenn du 200 Personen notiert hast, die dich kennen, dann wird unter diesen Personen auf jeden Fall die eine oder andere Person sein, die die Chance erkennt, die sich ihr mit Network Marketing bietet und die genauso begeistert ist von den

Produkten und der Geschäftsidee wie du und die durchstartet und dir mit ihrem Engagement ein wiederkehrendes Einkommen beschert.

Gibt es hier einen Haken? Ja, es gibt einen Haken.

Der Haken ist, dass du heute noch nicht weißt, welche Personen es von den 200 Personen sein werden, die an allen anderen vorbeiziehen und Umsätze erzielen, die außergewöhnlich sind. Wir glauben oftmals, dass wir wissen, wer für diesen Job gemacht ist, aber hier liegen wir meistens falsch. Auch ich weiß nie, wer von den Partnern, die ich vom Start an begleite, so große Träume, Ziele und Wünsche hat und den Elan aufbringt, dieses Geschäft Tag für Tag, Woche für Woche, Monat für Monat, einige Jahre hinweg durchzuziehen. Ich bin schon mehr als einmal positiv überrascht worden. Und genau deshalb ist es so wichtig, dass du mit allen Leuten über dein Geschäft sprichst, denn auch du kannst positiv überrascht werden, wenn genau die Personen aktiv und erfolgreich werden, von denen du es anfangs gar nicht erwartet hättest. Es gilt also, unter den 200 Menschen, die DICH kennen, genau diejenigen ausfindig zu machen, die aus deiner Geschäftsmöglichkeit ihre eigene Zukunft bauen.

Schreibe ab jetzt jeden Tag jede Person auf, die dich kennt. Und eines ist klar: Falls du nicht die Personen, die DICH kennen, über dein Geschäft informierst, wird es früher oder später jemand anderes tun, und das wäre sehr schade für DICH!

2.2. Deine Liste mit Neins

Wer sich ein eigenes Network-Marketing-Geschäft aufbaut, der benötigt nicht nur gute Produkte, ein faires Unternehmen, einen lukrativen Karriereplan sowie ein leicht duplizierbares System, sondern er braucht eine strategische Arbeitsweise, um effizient vorzugehen. Wer sich selbst gut strukturiert und anhand der Vorgaben in diesem Buch arbeitet, wird schnell erste Erfolge erzielen. Ein Baustein zum Aufbau eines funktionierenden Geschäfts ist deine Liste mit Neins.

Eine Liste mit Neins?

Fragst du dich gerade, weshalb du eine Liste mit Neins brauchst, wo du dir doch eher ein Ja von deinem Gesprächspartner erhoffst?

Du brauchst eine Liste mit Neins, und diese Liste solltest du von Beginn an haben.

Du nimmst ein Blatt Papier und notierst auf diesem Papier hundertmal das Wort Nein. Wenn du gerne am Computer arbeitest, dann kannst du deine Liste auch am Computer erstellen. Motivierte Vertriebspartner erstellen sich gleich noch eine zweite und dritte Liste, auf der hundertmal das Wort Nein aufgeführt ist.

Jedes Mal, wenn du mit einer Person über dein Geschäft sprichst und fragst, ob sie womöglich jemanden kennt, für den das interessant sein könnte, und statt einem begeisterten Ja als Antwort ein Nein bekommst, dann freust du dich bitte innerlich sofort und streichst ein Nein von dieser Liste ab. Wenn du an einem Tag fünf Menschen informierst, und fünf Mal kassierst du ein Kopfschütteln, dann streichst du fünf Neins von deiner Liste ab. Bei jedem Nein, das du auf deiner Liste abstreichst, darf sich ein Gefühl von Freude in deinem Herzen breitmachen. Denn je mehr Neins du abstreichen kannst, umso aktiver bist du gewesen, denn das zeigt, dass du mit vielen Menschen gesprochen hast. Network-Marketing-Profis haben innerhalb von einigen Wochen oder Monaten die ersten 100 Neins abgestrichen und dadurch vielleicht schon zehn bis 30 Teampartner gewonnen! Denn diese Partner wissen, dass im Network Marketing die Masse den Erfolg macht. Ich kenne niemanden, der mit der Nein-Liste gearbeitet hat und sich jedes Mal gefreut hat, ein Nein von der Liste abzustreichen, der nicht in kürzester Zeit ein Team von mehreren hundert Partnern oder sogar tausenden Partnern aufgebaut hat.

Die meisten Networker sprechen nur die Menschen an, von denen sie glauben, dass sie mit Begeisterung auf die Geschäftsmöglichkeit reagieren. Und umso enttäuschter sind sie, wenn diese dann kein Interesse haben. Du kannst im Vorfeld nicht wissen, wer eine eigene Geschäftstätigkeit anstrebt oder wer zurückhaltend reagiert. Du weißt es nicht, aber du kannst es herausfinden. Und daher ist es wichtig, möglichst viele unterschiedliche Leute zu kontaktieren. Und wenn dann ein Nein als Antwort kommt, dann darfst du keinesfalls demotiviert, enttäuscht oder gar wütend sein. Wenn du deine Neins fleißig abstreichst und genau weißt, dass Neins zum Aufbau einer großen Network-Marketing-Organisation einfach mit dazugehören, dann weißt du auch, dass nach dem x-ten Nein irgendwann ein Ja kommen wird.

2.3. Termine vereinbaren – So geht's

Termine zu vereinbaren gehört zum Aufbau eines Network-Marketing-Geschäfts dazu. Natürlich musst du keine fremden Menschen auf der Straße ansprechen, um sie für deine Produkte zu begeistern, und du musst auch niemanden nerven, um ihm etwas zu verkaufen. Du sollst dich vor einem Telefonat nicht vor den Spiegel stellen und ein Lächeln aufsetzen, um möglichst fröhlich rüberzukommen. Männer brauchen zum Telefonieren keine Krawatte umbinden und Frauen müssen keine Bluse anziehen, um ein Gefühl von Seriosität zu erlangen. Du brauchst weder ein Telefontraining noch eine Gesprächsstrategie. Je strategischer du vorgehst, desto unsicherer wirst du, und genau diese Unsicherheit kommt am anderen Ende der Telefonleitung an. Außerdem sind diese altmodischen Methoden völlig überholt. Wir leben im 21. Jahrhundert. Wir können smart agieren. Deine Aufgabe ist es lediglich, den Leuten, die dich kennen, zu erzählen, was du tust und weshalb du es tust.

Network Marketing ist ein Geschäft von Mensch zu Mensch, und die Menschen kaufen ein Produkt bei einer Person, der sie vertrauen. Sie steigen wegen dir in dein Team ein, denn sie hören deine Geschichte und sehen deine Entwicklung. Und deshalb liegt es auf der Hand, dass im Network Marketing genau die Partner erfolgreich werden, die die meisten Menschen von ihrer Kontaktliste informieren, sofern diese informiert werden wollen. Wer in Höchstgeschwindigkeit diese Liste abtelefoniert, kommt auch in Höchstgeschwindigkeit voran. Die Menschen, die nicht informiert werden wollen, die werden in Ruhe gelassen. Und es wird auch nicht versucht, diese Leute mit irgendwelchen verkaufspsychologischen Techniken umzustimmen oder gar zu überreden. Du brauchst in deinem Team Macher, die so denken wie du, und keine

Kunden oder Partner, die sich überrumpelt gefühlt haben. Denn diese bestellen ein Mal und dann nie wieder.

Von den Menschen auf der Liste, die dich kennen, kennst du sicherlich einige Eigenschaften und Besonderheiten. Du weißt beispielsweise, ob die Personen berufstätig sind, Unternehmer, Student oder Rentner. Einen Studenten sprichst du selbstverständlich anders an als einen Unternehmer. Und auch eine alleinerziehende Mutter von zwei kleinen Kindern bringt eine ganz andere Grundvoraussetzung mit. Jede Kontaktansprache ist daher individuell.

So gehst du vor:

Du rufst bei einer Person von deiner Kontaktliste an und sagst nur: ***»Hallo, hier ist Stefan, störe ich gerade oder hast du kurz zwei Minuten Zeit, es ist geschäftlich.«*** Die Person am anderen Ende der Leitung weiß somit gleich, um was es geht, und das Telefonat muss nicht lange dauern. Du ersparst euch beiden viel Zeit, denn du musst nicht über das Wetter, das politische Geschehen im Land oder die Entwicklung der Kinder reden. Wenn du kurz angebunden bist, aber präzise formulierst, dann kannst du viele einzelne Gespräche führen, anstatt dich in langen Telefonaten zu verlieren. Dein Telefonat dauert nur wenige Minuten und nicht viele Stunden.

Nach dem ersten Satz fragst du also, ob die Person einmal zwei Minuten Zeit hätte. Bekommst du die Antwort, dass es im Moment schlecht ist, dann fragst du, wann es denn besser passen würde, und beendest das Gespräch. Du machst dir eine Notiz auf deiner Liste und rufst die Person zum verabredeten Zeitpunkt erneut an. Wenn die Person Zeit hat, dann kann sie informiert werden. Sie weiß bereits, dass es um ein geschäftliches Anliegen geht, also kannst du jetzt erläutern, dass du dich nebenberuflich selbständig gemacht hast und dass du diesen Job von zu Hause aus für zwei Stunden täglich ausübst. Du berichtest, dass du Lifestyle-Produkte testest und weiterempfiehlst. Diese Arbeit ermöglicht es dir, ein monatliches Einkommen von 500 Euro zusätzlich zu verdienen. Und dann fragst du, ob die Person vielleicht jemanden aus ihrem Umfeld kennt, für den das auch interessant sein könnte, von zu Hause aus 500 Euro dazuzuverdienen

Ein Telefonat könnte wie folgt geführt werden:

»Hallo hier ist Stefan. Weshalb ich dich anrufe, es ist geschäftlich. Hast du zwei Minuten Zeit?«

Sagt die Person Nein, dann beendest du höflich das Gespräch und fragst, wann es denn besser passen würde. Den neuen Termin notierst du auf deiner Liste und dann rufst du zum vereinbarten Termin erneut an. Hat die Person Zeit, dann fährst du fort:

»Ich habe mich vor einiger Zeit nebenberuflich selbständig gemacht und übe diesen Job von zu Hause aus für zwei Stunden am Tag aus. Ich bin Lifestyle-Produkttester und empfehle Produkte, die es in dieser Form so nicht im Handel zu kaufen gibt, an andere Menschen weiter. Durch dieses Business verdiene ich 500 Euro im Monat zu meinem Hauptjob. In meinem Team benötige ich noch die ein oder andere Person, die Interesse hat, auch nebenbei monatlich 500 Euro durch das Testen und Empfehlen von Lifestyle-Produkten zu verdienen. Vielleicht kennst du jemanden in deiner Umgebung, für den das interessant sein könnte?«

Oder (wenn du mit einem Unternehmer sprichst):

»Hallo, hier ist Stefan. Weshalb ich dich anrufe, es ist geschäftlich. Hast du zwei Minuten Zeit?«

Sagt die Person Nein, dann beendest du höflich das Gespräch und fragst, wann es denn besser passen würde. Den neuen Termin notierst du auf deiner Liste und dann rufst du zum vereinbarten Termin erneut an. Hat die Person Zeit, dann fährst du fort:

»Ich wollte mich gerade selbständig machen mit einem Partner-Unternehmen an meiner Seite, mit dem ich mir innerhalb von ein paar Monaten ein Einkommen neben meinem Hauptjob und in ein paar Jahren ein passives Einkommen von mehreren tausend Euro aufbauen kann. Ich habe kein Risiko und muss keine Investition tätigen. Ich wollte dich einmal um Rat fragen. Deine Meinung ist mir sehr wichtig, da du ja schon selbständig bist. Wenn es dir in den nächsten Tagen passen würde, dann würdest du mir einen großen Gefallen tun, wenn du mal schauen könntest, ob dieses Geschäft etwas für mich wäre, dann würde ich mich sicherer fühlen.«

Es gibt noch eine zweite Möglichkeit:

»Ich habe mich selbständig gemacht mit einem Unternehmen, das ein Konzept für Selbständige und Unternehmer entwickelt hat, damit sich diese neben ihrem eigenen Business durch ihre Kontakte, die sie haben, ein zweites Standbein mit einem passiven Einkommen von monatlichen 5.000 Euro innerhalb eines Jahres – ohne Investitionen – aufbauen können. Ich suche in deiner Gegend noch zwei bis drei Unternehmer, die sich innerhalb eines Jahres ein passives Einkommen von 5.000 Euro aufbauen wollen. Kennst

du einen Unternehmer, den das interessieren könnte?«

Sagt der Gesprächspartner, dass er noch weitere Informationen benötigt, dann vereinbarst du einen Termin und sagst ihm gleich, dass dieser Termin nicht länger als 20 Minuten dauern wird.

Dazu sagst du: ***»Vielleicht fällt dir dann ja jemand ein, für den das interessant sein könnte.«***

Und wenn du einen neuen Kontakt bekommst, dann rufst du diese Person an.

Manchmal reagieren die Menschen nicht so, wie wir das erhoffen, und so kann es sein, dass deine Gesprächspartner am anderen Ende der Leitung mit Antworten wie ***»Kommt darauf an …«*** oder ***»Weiß ich nicht …«*** antworten oder fragen: ***»Um was geht es denn da genau?«*** Dann liegt der Ball wieder bei dir und du schlägst souverän einen Termin vor, um weitere Informationen zu liefern.

»Ich habe am Montag oder Mittwoch die Möglichkeit, um dir alles vorzustellen. Unser Termin dauert nur 20 Minuten. Vielleicht fällt dir im Anschluss jemand ein, für den das interessant sein könnte.«

Und schon hast du einen Termin!

Wenn die Person von deiner Liste nicht in deiner Nähe wohnt, dann kannst du sie per Skype informieren. So wird Network Marketing in der heutigen Zeit gearbeitet.

Ich möchte an dieser Stelle diese Art der Vorgehensweise nicht nur hervorheben, sondern dir auch ganz genau erklären, weshalb es so wichtig ist, ANDERS als ANDERE Networker vorzugehen.

Du rufst keine Person an, um ihr etwas zu verkaufen!

Du rufst keine Person an, um diese für dein Team zu gewinnen!

Du versprichst am Telefon niemandem, dass er schnell reich werden wird!

Am Telefon und beim Termin machst du keinen Abschluss!

Als Network-Marketing-Profi willst du informieren. Du vereinbarst einen Termin einzig und allein mit dem Ziel, der anderen Person zu erklären, was du machst und warum du das machst. Du machst weder beim Telefonat noch beim Termin einen Abschluss. Dein einziges Ziel ist die Weitergabe von Informationen. Du lässt diese Person in Ruhe, denn wenn sie Interesse hat, dann wird sie sich bei dir melden. Wenn du mit Leuten gesprochen hast und sie haben Interesse, dann werden sie auf dich zukommen, weil sie sich Gedanken gemacht haben, selbst einsteigen wollen oder jemanden kennen, für den das Business geeignet sein könnte.

Wenn du deine Liste abtelefonierst, ohne das Gefühl zu haben, dass du den Leuten etwas verkaufen musst, dann wirst du selbstsicherer in die Gespräche starten, und genau das wird deinen Erfolg ausmachen. Du informierst und musst niemanden psychologisch beeinflussen oder ein Verkaufsgespräch führen.

Wenn du deine Liste in Höchstgeschwindigkeit abarbeitest, informierst, Termine vereinbarst und Gespräche führst, dann wirst du immer auf

Personen treffen, die erkennen, wie wichtig es gerade in der heutigen Zeit ist, sich ein zweites Standbein aufzubauen. Und wie wichtig es gerade heute ist, ein eigenes Geschäft zu haben, das nicht durch äußere Umstände beeinflussbar ist, sondern das vielmehr selbst beeinflusst werden kann (und muss). Diese Personen werden den Kontakt zu dir suchen und bei dir kaufen und in dein Team einsteigen.

Als Network-Marketing-Profi verkaufst du keine Produkte, sondern du informierst über diese geniale Geschäftsmöglichkeit.

Deine Terminierung muss selbstbewusst, darf aber nicht arrogant sein. Wenn du dir immer bewusst bist, dass du etwas hast, das andere gerne wollen, dann gibt es überhaupt keinen Grund, sich klein zu fühlen. Du bietest eine Chance, eine Lösung, um mehr Einkommen zu generieren, und so tust du jedem Menschen einen Gefallen, der daran interessiert ist. Und genau so darfst du dich fühlen und nach außen auftreten.

Es ist wichtig, dass du verstehst, dass du dich von dem Druck befreien musst, zu denken, dass du etwas verkaufen musst. Denn mit dieser Denkweise baust du dir selbst eine Hürde auf und du stößt bei deinem Gesprächspartner schnell auf Ablehnung. Menschen wollen kaufen, aber sie wollen nicht etwas verkauft bekommen.

Bei deinem Termin erzählst du ganz locker, wie du zu deinem Unternehmen gekommen bist und was dich begeistert. Erzähle von dir, was du erfahren und erlebt hast und wie die Produkte und deine Selbständigkeit dein Leben verändert haben.

»Ich habe das Unternehmen und die Produkte kennengelernt und ich habe ein Geschäft gestartet. Toll ist, dass ich die Produkte empfehlen und mir einen Zusatzverdienst aufbauen kann. Und ich kann das Geschäft weiter empfehlen und mir dadurch ein passives Einkommen aufbauen. Ich habe dir mein Geschäft vorgestellt. Wenn dir momentan niemand einfällt, für den das auch interessant sein könnte, dann hast du hier meine Telefonnummer, ruf mich einfach an.«

Hierfür braucht es keine speziellen Fragetechniken, keine Methoden und keine psychologischen Vorgehensweisen und auch nicht viel Zeit. Haben die Leute Interesse, dann werden sie sich bei dir melden. Haben Sie kein Interesse, dann halt nicht.

Wenn du so arbeitest, dann erkennt jeder deiner Gesprächspartner, dass er es dir ganz einfach nachmachen kann. Und genau dann ist das Geschäft duplizierbar, weil es für jeden umsetzbar ist. Partner, die genau diese Technik anwenden und zusätzlich in den sozialen Medien so vorgehen und in wenigen Minuten am Telefon erklären, was sie tun, erhalten mehrfach in der Woche Rückmeldungen von Personen, die starten wollen, einige sogar täglich!

Freunde oder Familienmitglieder, die du eh regelmäßig siehst, kannst du ohne Terminvereinbarung nach ihrer Meinung fragen.

»Du hast doch bestimmt schon mitbekommen, dass ich mir ein zweites Standbein aufbaue. Dieses Geschäft möchte ich auch anderen Menschen präsentieren und hierzu benötige ich deine Meinung. Ich möchte dir das einmal vorstellen und du kannst mir sagen, ob ich das gut gemacht habe oder was ich verbessern könnte.«

Auf diese ganz einfache und unverbindliche Art und Weise informierst du dein persönliches Umfeld, ohne etwas verkaufen zu müssen oder Leute zu werben.

Vertriebspartner, die immer informieren, werden Erfolge erzielen. Das ist das Gesetz der Quote. Das Schlimmste, was dir passieren kann, das ist: Du bist auf einer Veranstaltung deines Unternehmens und triffst eine Person, die dich kennt, und diese Person wird für ihre Leistung auf der Bühne geehrt. In diesem Augenblick denkst du: Mist, hätte ich sie damals informiert, dann wäre sie in meinem Team gelandet und ich würde jetzt von diesem Erfolg profitieren. Daher gilt: Informiere alle (!) Menschen, die dich kennen! Denn: Auch Menschen, die du informiert hast und die nicht direkt mit dir starten wollen oder eine Empfehlung geben, sollten wissen, was du machst. Wenn sie vielleicht im Nachhinein durch das Internet oder auf einem anderen Wege durch eine andere Person, die sie eigentlich gar nicht kennen, auf Network Marketing angesprochen werden, erinnern sie sich. Sie wissen, dass du dieses Geschäft auch betreibst, und die Chance ist sehr groß, dass sie dich anrufen und sagen: ***»Erzähl mir noch mal … wie läuft das genau mit deinem Geschäft?«***

Du triffst jeden Tag Menschen: Bei der Arbeit, in der Freizeit, beim Einkaufen, bei Veranstaltungen, online: Notiere sie auf deiner Liste und informiere sie.

Wenn du auf die Frage ***»Wie geht es dir?«*** mit den Worten ***»Mir geht es gigantisch«*** antwortest, dann wirst du die Aufmerksamkeit auf dich ziehen, und das ist die beste Gelegenheit, um auf deine Produkte und dein Geschäft aufmerksam zu machen. Du sagst nicht: ***»Es geht so …«***, sondern du sagst: ***»Mir geht es so gut, weil ich endlich etwas gefunden habe,***

mit dem ich mir ganz easy von zu Hause aus jeden Monat 750 bis 1.000 Euro verdiene und mir dadurch jedes Jahr zusätzlich einen tollen Urlaub leisten oder die in Finanzierung unseres Eigenheims stecken kann. Oder ich gehe jeden Monat davon mit meinen Kindern shoppen. Ich fühle mich gut, fühle mich leistungsstark und habe Power. Ich habe ein neues Geschäft für mich entdeckt, das mir all die Freiheiten lässt und Wünsche erfüllt, von denen ich immer geträumt habe.«

Glaubst du wirklich, dass niemand hier nachfragen wird? Niemals!

2.4. Tipp zu einer Produktparty – Einladung im neuen Zeitalter des Network Marketings

Zu einer Produktparty überlege ich mir keine psychologischen Details, um die Leute in mein Wohnzimmer oder das Wohnzimmer eines Gastgebers zu locken. Ich verspreche keine Gastgeschenke, sondern ich agiere straight und lade sie zu einem festgesetzten Termin mit folgenden Worten ein:
»Ich habe exklusive Produkte, die es auf dem Weltmarkt in dieser Form nicht gibt, und jetzt halte dich fest: Am Montag und am Mittwoch kannst du diese kostenlos bei mir testen. Du kannst die Produkte nicht vor Ort kaufen, bring daher bitte kein Geld mit. Du wirst begeistert sein.«

Mit diesen Worten erzeugst du Neugierde, du weckst Begeisterung,

Du glaubst, dass du nicht so viele Menschen kennst? Falsch! Du hast einfach nur noch nicht alle Menschen auf einem Blatt notiert, die dich kennen und die dich täglich kennen lernen ... Hast du vielleicht über eine Person geurteilt? Glaubst du, dass diese Person kein Interesse an deinem Geschäft hat, weil sie vielleicht zu wenig Zeit oder ausreichend Geld hat? Das weißt du nicht. Wenn du urteilst, ohne Kontakte zu knüpfen, dann suchst du nach Ausreden und Gründen, deine Arbeit nicht zu tun.

Ein Network-Marketing-Profi findet mehr Gründe, etwas zu tun, als Ausreden, etwas nicht zu tun.

Wenn es eine Möglichkeit gäbe, dass du aus einer Krise (Corona, Lebenskrise, Jobkrise etc. ...) als Gewinner hervorgehen könntest ...

Wenn es eine Möglichkeit gäbe, dass du dir mit nur fünf Telefonaten am Tag ein dauerhaftes Einkommen aufbaust ...

Wenn es eine Möglichkeit gäbe, in nur einem Jahr eine lebenslange Rente zu erarbeiten, die Sicherheit und Stabilität gibt ...

... würdest du diese Möglichkeit als Chance sehen und nutzen?

Sollte deine Antwort nicht selbstbewusst ***»JA«*** lauten, dann kannst du dieses Buch beiseitelegen, denn dann ist Network Marketing nicht das richtige Geschäftsmodell für dich.

2.6. Wer fragt, gewinnt

Kennst du die Networker, die alle Leute vollquatschen, obwohl diese die Infos gar nicht haben wollen? Zu dieser Sorte solltest du nicht gehören. Vielmehr solltest du Fragen stellen, um die Bedürfnisse, Wünsche und Ziele deines Gesprächspartners zu erfahren, und daher gilt: Wer fragt, gewinnt!

Wer fragt, der gewinnt, und das gilt sowohl für dich als Networker, genauso auch für deine Gesprächspartner, die dir vielleicht die ein oder andere Frage stellen, wenn du sie über deine Arbeit informierst oder wenn sie sich als Teampartner für den Aufbau eines eigenen Geschäfts interessieren. Es gibt den Spruch ***»Wissen ist Macht«***, und das stimmt. Als Network-Profi solltest du so gezielt Fragen stellen, dass du herausfinden kannst, wo genau bei deinem Gegenüber der Schuh drückt. Denn wenn du weißt, was die Person in ihrem Leben verändern möchte, dann kannst du gezielt mit ihr an einer Lösung arbeiten. Hat sie ein gesundheitliches Problem? Möchte sie mehr Geld verdienen, weil sie sich einen materiellen Wunsch erfüllen will? Will sie ihre Wohnsituation verändern oder in ihrem Hauptjob kürzer treten oder vielleicht sogar eine ganz andere Laufbahn einschlagen? Wenn du fragst, dann bekommst du die Antwort.

Mit ein bisschen Übung lernst du deine Fragen so zu stellen, dass du Antworten bekommst, auf die du dann noch gezielter eingehen kannst. Du könntest beispielsweise nach den Zielen der Person fragen.

Was hast du dir für die nächsten Monate vorgenommen?

Welche Ziele hast du für dieses Jahr?

Wo siehst du dich in fünf Jahren?

Von welcher Veränderung in deinem Leben träumst du?

Und weshalb hat diese Veränderung noch nicht stattgefunden?

Oder soll alles so bleiben, wie es momentan ist?

Es gibt unglaublich viele Männer und Frauen, die auf diese Fragen keine Antworten haben, mit den Schultern zucken, weil sie noch nie über ihre Ziele nachgedacht und sich somit auch keine gesetzt haben. Sie warten ab, was – oder ob was - passiert und das einzige Ziel, das sie im Leben haben, ist die Aussicht auf den kommenden Urlaub. Du kannst mit deinen ganz gezielten Fragen diese Personen zum Nachdenken anregen. Einige erkennen dann erst, wie wichtig es doch eigentlich ist, Pläne zu schmieden und Ziele zu haben. Und vielleicht bist genau du die Person, die bei der Umsetzung der neuen Pläne helfen kann, damit die jetzt gesetzten Ziele realisiert werden können.

Wenn ein Gesprächspartner dir Fragen stellt, dann braucht es auch hier etwas Übung, um auf jede Frage eine passende Antwort geben zu können. Die Fragen kommen sowohl von deinen Kontakten ***(»Seit wann gibt es das Unternehmen?«, »Wer sind die Geschäftsführer?«, »Was ist so besonders an den Produkten?«, »Weshalb sind die Produkte so teuer?«),*** denen du dein Geschäft vorstellst, doch auch von den Partnern aus deinem eigenen Team kommen ***(beispielsweise: »Was muss ich tun, um die nächste Stufe im Karriereplan zu erreichen?«).*** Du wirst feststellen, dass im Laufe der Zeit immer wieder die gleichen Fragen aufkommen, und so, wie sich die Fragen immer wiederholen, so kannst du auch die Antworten irgendwann ganz souverän immer wieder gleich beantworten. Du erkennst außerdem, welche Fragen wirklich mit einem ernsten Hintergrund gestellt werden oder ob es sich um Fragen handelt, die nur aus Verlegenheit in den Raum geworfen werden. Wenn du lernst, Fragen kurz und knapp, aber dennoch gefüllt mit Informationen, zu beantworten, dann verlierst du nicht viel Zeit, wirst aber als Person wahrgenommen, die kompetent Auskunft zum Unternehmen, zu den Produkten und der Geschäftsmöglichkeit geben kann.

2.7. Einarbeitung und Betreuung neuer Partner

Die richtige Einarbeitung und Betreuung neuer Vertriebspartner ist elementar wichtig, denn von ihr hängt ab, wie selbständig deine Partner ihr Geschäft arbeiten können. Wenn du deine Partner so gut schulst, dass sie von Beginn an wissen, wie sie arbeiten müssen und wo sie welche Informationen finden, dann wenden sie sich höchstens ab und zu mit Fragen an dich und das spart dir Zeit. Du solltest deinen Partnern daher nie die Arbeit abnehmen, sondern ihnen zeigen, wo sie Antworten auf ihre Fragen finden oder wie sie vermeintliche Probleme lösen können.

Hat sich ein neuer Partner in deinem Team registriert, nachdem er von dir alle nötigen Inhalte für einen perfekten Start bekommen hat, dann bittest du ihn, dich sofort zu kontaktieren, wenn sein Starterset (also seine Produkte) bei ihm eingetroffen ist, damit ihr es zusammen auspacken könnt. Ihr könnt euch zu diesem Erlebnis persönlich treffen oder ihr telefoniert oder vereinbart einen Termin für ein Skype-Gespräch. Und genau ab dem Zeitpunkt, an dem dein Partner sein Paket bekommen hat, startest du mit der Einarbeitung. Diese Vorgehensweise macht aus einem ganz einfachen Grund einen Sinn: Du investierst erst deine Zeit in die Schulung deines Partners, wenn dieser tatsächlich registriert ist und Ware bestellt hat. Du weißt, wie manche Leute heutzutage sind: Erst sagen sie zu, dann sagen sie ab oder sagen gar nichts.

Wenn dein neuer Partner sein Warenpaket bekommen hat, dann weißt du, dass er den Geschäftsaufbau ernst meint, und du weißt, dass deine Zeit nicht unnütz investiert ist.

Im Gespräch mit deinem neuen Partner erklärst du ihm:

... wie das Backoffice funktioniert und welche Details hier zu finden sind (Login, wo findet man was, wie wird Ware bestellt, wo werden neue Kunden und Partner und die Umsätze angezeigt?).

... wo es Informationen zu den Produkten, zum Unternehmen und dem Karriereplan gibt und wo Flyer, Links und weitere Materialien gefunden werden können.

Wichtig ist, dass du deinen neuen Partner zur Eigeninitiative anleitest. Du brauchst Partner in deinem Team, die eigenständig agieren und dich nicht bei jeder Kleinigkeit kontaktieren. Nur wenn du effizient arbeiten kannst, erreichst du Duplikation. Nimmst du deinem Partner die Arbeit ab, weil du dich zwar gerne um seine Belange kümmerst und helfen willst, dann machst du dich zur Sekretärin in deinem eigenen Team.

Merke: Investiere erst Zeit in deinen Partner, wenn er in deinem Team registriert ist und sein Starterpaket bekommen hat.

2.8. Deine Ausbildung

In 30 Tagen zum Network-Marketing-Profi solltest du nicht mit »***In 30 Tagen reich sein ...***« verwechseln. Du wirst reich an Wissen, aber noch nicht reich an Geld. Was andere Networker dir da draußen vielleicht versprechen, verspreche ich dir nicht. Obwohl man im Network Marketing sehr hohe und sogar unlimitierte Einkünfte erzielen kann, die sich Normalverdiener gar nicht vorstellen können, braucht es hierfür Zeit und Geduld. In 30 Tagen lässt sich eine Grundbasis schaffen, auf die du aufbauen kannst, um wie ein Network-Marketing-Profi zu handeln, sich zu verhalten und wie ein Network-Profi zu arbeiten. Es kommt darauf an, ob du das Wissen, also das Gelernte, in der Praxis umsetzt. Erfolgreiche Network-Profis sammeln nicht theoretisches Wissen, sondern setzen praktisch um. Dein Erfolg im Network Marketing hängt einerseits von deinem Wissen, vielmehr aber noch von deinem Fleiß und deiner Ausdauer ab. Und da Network Marketing ein Beruf und nicht nur eine Berufung ist, muss dieser Beruf auch erlernt werden. Nur wenn du weißt, worauf es ankommt, kannst du das Geschäft richtig und somit erfolgreich arbeiten. Wenn du die Details deines Geschäfts nicht erlernst, dann wirst du scheitern.

Dass ein Beruf erlernt werden will, weißt du, wenn du bereits eine Ausbildung absolviert hast. Network Marketing unterscheidet sich hier allerdings in der Geschwindigkeit, denn die Basics für deinen neuen Job bekommst du in diesem Buch von mir auf dem Silbertablett serviert. Welche Ausbildung kann in solch einer kurzen Zeit absolviert werden? Also ich kenne keine!

Als gelernter Bäcker musste ich früh aufstehen und es gab in meiner Ausbildung immer wieder auch Momente, in denen ich alles hinwerfen wollte. Ich hörte Aussprüche wie ***»Da musst du durch«*** oder ***»Lehrjahre sind keine Herrenjahre«***, und so habe ich die Ausbildung durchgezogen, auch weil ich unbedingt einen Abschluss haben wollte. Ich habe mich selbst motiviert und irgendwann war das frühe Aufstehen für mich kein Problem mehr, sondern wurde zur Routine. Alles, was zuerst einmal ungewohnt ist, wird irgendwann zur Gewohnheit. Fahrrad fahren, erste Dates, das erste Mal Sex, das erste Mal in einem Flugzeug fliegen … Als ich mit 18 Jahren unbedingt meinen Führerschein machen wollte, da war ich angetrieben vom Wunsch nach unbedingter Freiheit. Ich wollte meine Mutter nicht mehr bitten, mich irgendwo hinzufahren. Ich wollte cool sein, ein Auto haben, lässig den Arm aus dem Fenster lehnen. Als ich dann in der ersten Fahrstunde lernte, was es alles zu beachten gab, da war ich geschockt. Ich sollte die Kupplung treten, über die Schulter und in den Spiegel schauen, schalten und das Gaspedal bedienen: Wie sollte ich das alles hinkriegen? Doch ich wusste, dass andere Jungs auch Autofahren gelernt hatten, also hielt ich an meinem Vorhaben fest. Und ich habe den Führerschein und jede Handbewegung, der Blick über die Schulter, das Treten von Gas, Bremse und Kupplung sind normal geworden. Wenn du selbst Auto fährst, dann weißt du: Du denkst nicht einmal mehr über deine Tätigkeit nach. Was du tun musst, ist nicht nur in deinem Unterbewusstsein verankert, es ist vor allem zur Selbstverständlichkeit und somit zur Routine geworden. Und genauso wird auch dein Beruf irgendwann zur Routine. Du lernst, welche Antworten du auf

Fragen gibst, du wirst selbstsicherer in den Gesprächen und im Umgang mit Kontakten, und du weißt genau, was zu tun ist, um deine Wunschsumme X im Monat mit deinem Network-Geschäft zu verdienen.

Nach der Theorie kommt die Praxis und im Network Marketing gibt es die Praxis ab dem ersten Tag. Doch am ersten Tag bist du noch kein Profi und so kommt nach dem Wissen das Üben. Erst nach dem Üben folgt die Routine. Dieser Prozess ist normal und jeder Vertriebspartner – überhaupt jeder, der einen Beruf oder eine Tätigkeit neu erlernen will –, muss ihn durchlaufen.

Im Network Marketing bist du nicht lange ein Azubi, sondern du bist sofort der Chef. Du startest zwar als ein noch etwas unerfahrener Chef, aber je aktiver du bist, desto mehr Sicherheit wirst du gewinnen. Du kannst vom ersten Tag deiner Network-Marketing-Karriere Geld verdienen. Du musst nicht auf die Zeit nach der Ausbildung warten, um dir ein attraktives Einkommen zu sichern.

Dein Handwerkszeug für deinen neuen Beruf bekommst du von mir mit auf den Weg. Jetzt liegt es an dir, dieses Handwerkszeug zu nutzen, um deinen neuen Beruf zu lernen.

Es gibt in diesem Buch keine Seite auf der die Abkürzung steht. Du musst lesen, lernen und umsetzen, üben und dich verbessern. Ein Network-Marketing-Profi gibt sich die Zeit, weil er weiß, dass er die Übung braucht, um gut – nein, sehr gut – zu werden. Wenn du deinen neuen Beruf genau als solchen ansiehst, dann weißt du, dass dieser Beruf erlernt werden will. Dieses Buch ist deine Ausbildung, halte an deinen Zielen fest, bleibe fokussiert und lerne jeden Tag dazu.

2.9. Zeitfresser und perfektes Zeitmanagement

»Was du heute tust,
wirst du in ein paar Wochen spüren.
Was du heute nicht tust,
wirst du ebenfalls in den nächsten Wochen spüren.«

Um dir das wichtige Thema Zeitfresser und Zeitmanagement näherzubringen, möchte ich gar nicht viel Zeit verlieren. Alle von uns haben 24 Stunden, um einen Tag und eine Nacht zu gestalten, und es obliegt jedem selbst, mit welchen Inhalten er diese Stunden ausfüllt. Jeder setzt seine Prioritäten anders, und auch, wenn es sich im ersten Moment etwas seltsam anhört, so kannst du dir mit deinem Network-Marketing-Geschäft Zeit kaufen. Damit meine ich nicht, dass aus einem Tag auf einmal 25 Stunden werden, sondern ich möchte dich darauf hinweisen, dass du dir mit einem höheren Einkommen Zeit erkaufen kannst. Wenn du heute von den 24 Stunden, die dir täglich zur Verfügung stehen, einige Stunden aktiv für den Aufbau deines eigenen Geschäfts aufwendest, dann wirst du später – vielleicht in einem Jahr oder in zwei oder drei Jahren – Zeit gewinnen.

Dein Engagement heute zahlt sich morgen aus.

Ein höheres Einkommen gibt dir die Möglichkeit, unliebsame Aufgaben, die dich heute viel Zeit kosten, die jedoch erledigt werden müssen (dich allerdings nicht voranbringen), abzugeben. Ein erfolgreicher Network-Profi überlegt ganz genau, für welche Tätigkeit er seine Zeit aufwendet.

Er gibt lieber Geld für einen Buchhalter aus, anstatt selbst stundenlang Belege zu sortieren. Er bezahlt lieber einen Gärtner oder eine Haushaltshilfe, anstatt selbst regelmäßig den Rasen zu mähen, die Fenster zu putzen oder Wäsche zu bügeln (es sei denn, er macht es megagern und hat noch genug Zeit, um sein Geschäft aufzubauen). Denn diese Zeit, die hier verstreicht, kann für das Vereinbaren von Terminen genutzt werden. Ein Network-Marketing-Profi lässt Aufgaben für sich erledigen, weil er weiß, dass er dann mehr Zeit hat, um Telefonate zu führen, die den Aufbau seiner Organisation vorantreiben. Hierzu ein Beispiel: Deine Fenster werden zwei Stunden von einer 450-Euro-Kraft geputzt und du zahlst 12,50 Euro pro Stunde, also 25 Euro. Sie freut sich und kann ihre Haushaltskasse damit auffüllen und du hast in diesen zwei Stunden fünf Bekannte deine Produkte kostenlos testen lassen. Im Anschluss bekommst du einen neuen Teampartner und eine Produktbestellung im Wert von ca. 300 Euro. Je nachdem, welche Handelsspanne du bei deinem Partnerunternehmen hast, wirst du zwischen 60 und 100 Euro Verdienst erwirtschaftet haben und du brauchtest nicht die Fenster zu putzen – es sei denn, Fensterputzen ist deine Berufung und du machst es megagern und hast noch genügend Zeit für den Aufbau deines Geschäfts.

Damit du deine Zeit effizient nutzen kannst, musst du dich von Zeitfressern fernhalten und dich auf die Tätigkeiten konzentrieren, die dich und dein Geschäft weiterbringen. Wenn du ein Network-Marketing-Profi werden möchtest, dann musst du Prioritäten setzen und deine Zeit so planen, dass du den Schwerpunkt auf die Vorstellung deines Geschäfts legst. Ein Network-Marketing-Profi nutzt seine freie Zeit zur eigenen Weiterbildung und er hält sich nicht mit stundenlangem Fernsehkonsum oder der x-ten Serie auf.

Ein Network-Marketing-Profi arbeitet mit einer To-do-Liste, und wenn er diese am Vorabend erstellt hat, dann arbeitet er die Inhalte am nächsten Tag konsequent ab.

Das spart Zeit.

Ein Network-Marketing-Profi verschenkt keine Zeit, sondern ist in Momenten aktiv, in denen andere Menschen vielleicht Zeit vertrödeln.

Ein Network-Marketing-Profi telefoniert auf langen Autofahrten, im Zug oder im Flugzeug, und sogar im Wartezimmer beim Arzt sitzt ein Network-Profi nicht einfach so herum, sondern nutzt sein Handy für den Geschäftsaufbau.

Ein Network-Marketing-Profi entfernt Zeitfresser aus seinem Leben, und so hält er sich nicht stundenlang mit Gesprächen auf, die nur Zeit kosten, aber keinen Mehrwert bieten, und nimmt niemals an Opfer- oder Jammerstammtischen teil!

Ein Profi gibt die Informationen, die ein Interessent benötigt, weiter, beantwortet Fragen kurz und präzise, und auch, wenn der Profi eine Führungskraft ist, so ist er nicht für jede kleinste Frage seiner Teampartner ansprechbar. Ein Profi verweist auf den Ort, an dem der Fragende die Antwort findet (Backoffice, Videos, Buch etc.). Ein Profi erledigt nicht die Arbeit für seine Partner, sondern ein Profi regt seine Partner an, selbst aktiv zu werden. Nur wenn du als Networker strukturiert, organisiert und effizient vorgehst, dann schaffst du es, dass sich deine Struktur in einer raschen Geschwindigkeit dupliziert.

Ein Network-Marketing-Profi erfindet das Rad nicht neu, sondern er arbeitet mit den Tools und Arbeitsmaterialien, die das Unternehmen ihm zur Verfügung stellt. Ein erfolgreicher Network-Profi bastelt keine Tabellen, Listen, Designs oder Präsentationen, sondern er nutzt seine Zeit für die Akquise neuer Partner. Kennst du Networker, die keine Zeit zum Telefonieren haben? Das sind die ***»Profis«***, die so viele andere Dinge zu tun haben, dass sie einfach nicht zum Anrufen kommen. Sie halten sich mit den falschen Dingen auf oder sie schieben als Ausreden die Verpflichtungen im Alltag vor. Ich kann dir aber aus dem Stegreif heraus zig Network-Profis zeigen, die super erfolgreich sind, obwohl sie mehrere Kinder und viel um die Ohren haben. Diese Network-Profis sind einfach gut strukturiert und haben ihre Prioritäten entsprechend gesetzt.

Wer gut strukturiert ist, hält sich von Zeitfressern fern und arbeitet konsequent seine To-do-Liste ab.

Und wenn wir schon beim Thema Zeit sind, dann schauen wir uns doch einmal das perfekte Zeitmanagement an.

2.10. Effizient arbeiten

***»Denke fünf Jahre zurück.
Denke daran, wo du jetzt stehst.
Denke fünf Jahre in die Zukunft und was du erreichen wirst.
Sei nicht aufzuhalten.«***

Als selbständiger Network-Unternehmer bist du nicht nur für deine Ziele selbst verantwortlich, sondern auch für die Planung deiner Arbeitszeit. Es braucht einen Kalender, in dem genau steht, welchen Zeitrahmen du dir für dein Geschäft gesteckt hast. Und hier musst du diese Zeit so als Arbeitszeit ansehen, als würdest du zur Arbeit fahren, um deinem Hauptjob nachzugehen. Fragen dich deine Kinder um 16 Uhr, ob du mit ihnen zum Spielplatz gehst, und du hast dir die Zeit von 15 bis 17 Uhr als Arbeitszeit für deinen Geschäftsaufbau eingeplant, dann musst du schweren Herzens die Bitte deiner Kinder ablehnen. Mama muss arbeiten, das werden sie verstehen. Und sicherlich bietet sich eine andere Gelegenheit, um den Spielplatzbesuch nachzuholen. Würdest du deinem Hauptjob als angestellte Mitarbeiterin nachgehen, dann könntest du die Zeit auch nicht mit den Kindern verbringen. Arbeitszeiten, die du dir selbst fest einplanst, die gilt es ganz diszipliniert einzuhalten. Beispielsweise könntest du dir täglich die Zeit von 8 bis 12 Uhr im Kalender für deinen Geschäftsaufbau notieren oder vielleicht passt es dir von 17 bis 19 Uhr besser. Wichtig ist, dass du dir feste Zeiten setzt, von denen du nicht abweichst. Ich weiß, dass es gar nicht so einfach ist, als Selbständiger die nötige Disziplin aufzubringen, denn natürlich macht es mehr Spaß, mit den Kindern zu spielen, als zum Telefonhörer zu greifen, um einen Termin zu vereinbaren. Doch genau hier unterscheidet sich ein Unternehmer von einem Unterlasser – eben durch sein unternehmerisches Tun.

Eine theoretische Planung bringt dir nichts, wenn du sie nicht in die Praxis umsetzt. Das bedeutet, dass es nicht ausreicht, sich Tagesziele zu setzen und Wochenpläne zu erstellen, wenn nach ihnen nicht gearbeitet wird. Du bist im Network Marketing dein eigener Chef und der große Vorteil an diesem Geschäftsmodell ist die persönliche Freiheit. Doch genau hier liegt auch die Gefahr, nicht konsequent genug vorzugehen. Wer ein perfektes Zeitmanagement beherrscht, der wird dafür belohnt. Wenn du täglich deine selbst auferlegten Aufgaben erledigst und Leute kontaktierst, dann erntest du nach einigen Tagen, Wochen oder vielleicht auch erst nach etlichen Monaten die Früchte, die du jetzt gesät hast. Denn dich rufen Leute zurück, die du Tage zuvor kontaktiert hast, oder es haben jetzt die Menschen Zeit, die vorher verhindert waren. Und ganz schnell hast du dein Tagesziel erreicht und kannst dich anderen Aufgaben widmen oder du nimmst den Schwung des Erfolgs mit und schießt über dein Tagesziel hinaus.

Feste Arbeitszeiten einplanen, Tagesziele setzen, Disziplin aufbringen - mehr braucht es nicht für ein perfektes Zeitmanagement. Außerdem braucht es ein Business, das einfach zu arbeiten ist und somit wenig Erklärungsbedarf aufweist. Stundenlange Gespräche mit Interessenten kosten dich viel Zeit, bringen aber keine Resultate und führen schlimmstenfalls zur Frustration, wenn dein Gegenüber ablehnend reagiert. Wenn du im Gespräch bist und du merkst, dass die Person gegenüber neugierig ist, dann reicht es völlig aus, wenn du ihr kurz und knapp Infos zu den Produkten und zum Unternehmen gibst. Du kannst einen Flyer überreichen oder einen Link senden, denn nur, wenn das Geschäft einfach ist, dann lässt es sich auch schnell duplizieren. Was einfach gearbeitet werden kann, wird andere überzeugen, denn sie erkennen, dass auch sie erfolgreich werden können. Wenn andere sehen, wie einfach Geld verdient werden kann, dann trauen sie sich das auch zu. Du musst nur Informationen weitergeben – mehr nicht.

um an der Handelsspanne zu verdienen. Im Network Marketing sind diese Menschen falsch.

Ein Network-Marketing-Profi lässt sich nicht ablenken. Wenn du mit einem Pfeil zwei Ziele anvisierst, wirst du keines von beiden treffen. Du verlierst dich im ständigen Suchen nach neuen Produkten, anderen Unternehmen, noch besseren Verdienstmöglichkeiten und du liest und lernst und merkst irgendwann, dass du nicht einen Schritt weitergekommen bist. Wenn du aber deinen Fokus behältst, dich auf ein Unternehmen und dein Team konzentrierst und deinen Pfeil auf ein Ziel ausrichtest, dann wirst du treffen.

2.13. Network-Profis denken immer in Lösungen

Du hast dieses Buch bis zu dieser Seite gelesen und das zeigt, dass du wirklich ein Network-Marketing-Profi werden möchtest. Du möchtest das Wissen nicht nur theoretisch aufsaugen, sondern auch praktisch umsetzen. Und doch schmeißt dir das Leben immer wieder Knüppel zwischen die Beine?

Welche Situationen musstest du in den letzten Wochen und Monaten meistern?

Vor welchen Fragestellungen hast du ratlos gestanden und welche Hürden galt es zu überwinden?

Wie oft hast du dich über Personen oder Geschehnisse geärgert und hast geschimpft, weil etwas nicht auf Anhieb geklappt hat, schiefgegangen ist oder sich als Fehler erwiesen hat?

Bei welchen Problemen wolltest du resignieren?

Die ganze negative Energie hättest du dir sparen können. Deine Energie kannst du in dein Business stecken, und damit dir das in Zukunft leichter gelingt, gebe ich dir einen ganz einfachen, aber sehr wichtigen Tipp mit auf den Weg:

Ein Unternehmer denkt immer in Lösungen.

Probleme wälzen, grübeln, sich über Situationen und Menschen ägern darf ab heute deiner Vergangenheit angehören. Ab heute denkst du in Lösungen. Erinnern wir uns an die Corona-Krise, als Gastwirte nicht untätig in ihren Restaurants saßen, sondern kurzerhand als Lieferdienste aktiv wurden. Große Wirtschaftsunternehmen haben ihre Produktion umgestellt und von einem Tag auf den anderen Mundschutz genäht, und es gab auch Spirituosenhersteller, die den Alkohol anstatt für Schnaps für die Herstellung von Desinfektionsmittel zur Verfügung stellten. Und so viele Arbeitnehmer richteten sich über Nacht ein Homeoffice ein. Wenn du ein Unternehmer-Mindset und unternehmerisches Denken verinnerlicht hast, dann wirst du niemals endlos lange über Fragen oder Probleme nachgrübeln, sondern du wirst immer in Lösungen denken und entsprechend handeln. Du wirst niemals einen Geschäftsführer einer großen Firma erleben, der bei einem Problem die Hände über dem Kopf zusammenschlägt, Schwarzmalerei betreibt und resigniert. Im Gegenteil. Ein Manager trommelt in schwierigen

Situationen seine besten Mitarbeiter zusammen, um Lösungsansätze auszuarbeiten. Wer auf Erfolg programmiert ist, denkt in Notsituationen um – und handelt. Das Mindset eines Unternehmers ist selbstverständlich nicht nur für deine berufliche Tätigkeit gut, sondern es hilft dir auch im Privatleben. Wer auf eine schwierige Situation mit einer Lösung anstatt mit Angst, Wut oder Resignation reagiert, wird sich nie wieder hilflos und ohnmächtig fühlen, wenn das Leben eine Herausforderung bereithält.

Daher merke dir: Ärgern kostet Kraft. Network-Marketing-Profis kennen keine Probleme, sie denken immer in Lösungen.

2.14. Nicht mit den Wölfen heulen

Network-Marketing-Profis heulen nicht mit den Wölfen, und das bedeutet, dass sie sich nicht an negativen Dingen hochziehen, über Kleinigkeiten aufregen oder von anderen beeinflussen lassen. Du wirst in deiner Network-Karriere immer wieder auf Menschen treffen, die von Neid und Missgunst geprägt sind und die immer wieder das Haar in der Suppe suchen – und auch finden. Network-Profis lassen sich von dieser Denkweise nicht beirren. Network-Profis ziehen aus jeder Situation immer ein positives Fazit und sehen einen Sinn, auch dann, wenn die Umstände diesen zuerst nicht erkennen lassen. Profis sind keine Pessimisten, sondern Profis blicken zuversichtlich in die Zukunft. Profis schauen nicht, was falsch läuft, sondern sie erkennen, was gut ist.

Ich gebe dir ein konkretes Beispiel:

Wenn du ein Kind hast und dein Kind schreibt ein Diktat, dann solltest du dein Kind loben, weil es so viele Sätze richtig geschrieben hat, und nicht tadeln, weil der Text Fehler enthält.

Auch kommuniziert ein Profi Probleme mit seinem Unternehmen nicht nach unten (in sein Team), sondern bespricht es nach oben (mit seinem Sponsor/der Führungskraft).

Das Leben ist nicht perfekt, ich bin nicht perfekt und du musst nicht perfekt sein, aber wir können unser Bestes geben. Und die Menschen, die immer nur die unperfekten Bausteine des Lebens sehen, sind an unserer Seite nicht willkommen. Diese Menschen dürfen allein jammern, denn Network-Marketing-Profis heulen nicht mit den Wölfen. Ein Network-Profi ist optimistisch, positiv eingestellt und zukunftsorientiert. Ein Profi fokussiert sich nicht auf Fehler, sondern er erkennt Chancen und denkt in Lösungen. Profis heulen nicht, Profis jammern nicht, Profis meckern nicht. Und Profis lassen sich nicht anstecken von Leuten, die nur reden, aber nicht handeln.

Profis gehen den Weg zum Erfolg, und das auch, wenn dieser etwas steinig ist. Es gibt Menschen, die führen, und es gibt Menschen, die folgen. Wenn du eine Führungskraft bist, dann führst du dein Team zum Erfolg, denn du weißt, dass dieser Erfolg auch dein Erfolg ist.

2.15. Das Schwert in der Scheide

Ein Network-Marketing-Profi lässt sein Schwert in der Scheide und zieht es nicht heraus, um zu kämpfen. Ich möchte dir diese Aussage etwas genauer erklären. Wenn du ein Network-Marketing-Profi bist und die Vorteile deiner Produkte und des Geschäfts hervorheben möchtest, dann agiere souverän und bedacht und nicht aggressiv. Es gibt in der Branche leider sehr viele vermeintliche Networker, die im Kampfmodus arbeiten, auf Biegen und Brechen ihr eigenes Business in den höchsten Tönen loben und an Wettbewerbern kein gutes Haar lassen. So ein Gebaren kommt leider überhaupt nicht gut an. Wer sich wie ein Amateur benimmt, der muss sich nicht wundern, wenn Personen ablehnend auf diese Ansprache reagieren. Wer immerzu sein Schwert aus der Scheide zieht, um für den Kampf gewappnet zu sein, der trifft auf Menschen, die sich wehren und auch ihr Schwert aus der Scheide ziehen.

Kampfbereitschaft stößt immer auf Kampfbereitschaft.

Genau so funktioniert Network Marketing nicht.

Network Marketing ist kein Kampf um das beste Produkt, um das beste Unternehmen und um den besten Karriereplan. Network Marketing ist ein Geschäftsmodell, das Freude bereiten und ein Einkommen bescheren soll. Anstatt den Kampfmodus zu aktivieren, sollte der Begeisterungsmodus aktiviert werden. Wer das Geschäftsmodell Network Marketing immer wieder kritisiert, der sollte sachlich informiert werden. Ist er dann immer noch ein Schlechtredner, dann hat er das System einfach nicht verstanden.

In deinem Alltag als Network-Marketing-Profi wird es immer wieder Menschen geben, die dich in endlose Diskussionen verwickeln wollen. Es wird Leute geben, die hinterfragen, argumentieren, provozieren, nerven und dich zum Kampf anstacheln. Du solltest dich nicht aus der Reserve locken lassen. Wenn du jedes Mal dein Schwert aus der Scheide ziehst, wenn dir jemand dumm kommt, dann bist du ständig am Kämpfen und hast keine Energie mehr für deine wirklich wichtige Arbeit. Atme tief durch und entferne dich von diesen Personen. Leider gibt es auf dieser Welt viele Menschen, die keine positive Grundeinstellung haben, die sich für superschlau halten und die jeden angreifen, der nicht ihrer Meinung ist. Diese Menschen fokussieren sich auf alles Negative im Leben, und genau diesen Menschen solltest du keine Aufmerksamkeit schenken. Die größte Strafe für solche Leute ist, wenn du sie ignorierst. So solltest du beispielsweise auf negative Kommentare unter einem Facebook-Post von dir nicht mit Rechtfertigungen oder Erklärungen reagieren. Du musst dich nicht erklären und auch nicht rechtfertigen, du brauchst niemanden zu überreden und auch nicht überzeugen. Du musst lediglich informieren. Aber zum Thema Facebook kommen wir noch ...

Als Network-Marketing-Profi kämpfst du nicht ohne Grund, du gehst auf keine Diskussion mit Menschen ein, die keine positive Grundeinstellung haben. Als Profi lässt du dein Schwert in der Scheide. Und das gilt natürlich nicht nur für dein Geschäft, sondern auch für dein Privatleben.

Wann hast du das letzte Mal überreagiert?

Wann hast du angriffslustig dein Schwert aus der Scheide gezogen,

obwohl es vielleicht gar nicht nötig gewesen wäre?

Bist du jemandem aufbrausend oder wütend gegenübergetreten?

Hast du Energie für eine Situation verschwendet, die du an anderer Stelle effektiver hättest einsetzen können?

Ich persönlich arbeite nur mit Menschen zusammen, die eine positive Grundeinstellung haben. Das heißt nicht, dass es sich hier um perfekte Menschen handelt, die in jeder Situation die richtigen Entscheidungen treffen. Es heißt aber, dass diese Menschen von Grund auf positiv denken und sich nicht in negativen Situationen verbeißen oder alles schlechtreden. Und mit diesen Menschen würde es nie zu einem Kampf kommen.

2.16. Die neue digitale Welt: Social Media – Facebook & Co.

Das Internet und die sozialen Medien nehmen einen immer dominanteren Platz im Leben der Menschen ein. Sie sind der Kommunikationsweg des 21. Jahrhunderts. Millionen User surfen täglich stundenlang im Netz und allein Facebook ist die am häufigsten besuchte Website der Welt. Das Internet ist der Platz, an dem sich die Menschen aufhalten, treffen und austauschen. An den sozialen Medien kommst du heute nicht mehr vorbei, und das solltest du auch nicht. Das Internet bietet so viel Potenzial, und dieses lässt sich für den Aufbau eines Unternehmens hervorragend nutzen. Am Beispiel von Facebook zeige ich dir, wie du schnell, seriös und mit Klicks, Posts, Bildern und Videos neue Interessenten und somit Kunden und Teampartner gewinnst. Facebook kann dich beim Geschäftsaufbau unterstützen. Du solltest deinen Facebook-Account daher aktiv nutzen, um mit der Welt zu kommunizieren. Facebook ist ein Medium, das – sofern es richtig eingesetzt wird – sogar international zur Gewinnung neuer Kunden und Partner beitragen kann. Allerdings musst du verstehen, wie und vor allem was bei Facebook funktioniert, um die Community anzuziehen und nicht abzuschrecken. Facebook ist weder eine Verkaufsplattform noch ein Instrument, um Massen-Spam-Mails zu versenden. Auch solltest du berücksichtigen, dass Facebook zusätzlich als Beschleuniger für den Teamaufbau verwendet werden kann, aber den persönlichen Kontakt nicht ersetzt.

Du solltest deinen Facebook-Account nicht künstlich pushen, nur um mehr Follower zu bekommen. Was bringen dir zig Likes, Freunde und Fans, wenn sie nicht zu deiner Zielgruppe gehören? Gar nichts! Wenn du aber ehrlich, authentisch und strategisch deine Reichweite aufbaust, dann kannst du von Facebook profitieren. Leyla (ihr Name auf Facebook ist Coco Bozz) hat ihren Bekanntheitsgrad allein durch ihre Aktivität bei Facebook wahnsinnig schnell erhöht und die Nachfrage nach Bionail zuerst ausschließlich über Facebook generiert. Irgendwann hatte sie viele neugierige Follower, dann begeisterte Anwender und im Anschluss einen Vertrieb. Das alles braucht Zeit, die Anzahl der Kontakte muss langsam wachsen, doch dann wirst du sehen, dass dir die sozialen Medien durch die Möglichkeit der schnellen Verbreitung sehr nützlich sein werden. Was in den sozialen Netzwerken die Klicks sind, die zu Reichweite und Wachstum führen, ist in deinem Geschäft die Duplikation. Beides kann gut miteinander verglichen werden. Nimmt die Lawine – an Klicks, Likes, Kunden oder Vertriebspartnern in deinem Team – erst ein-

einladen (Aufforderung zur Interaktion). Deine Follower werden ein Like abgeben oder einen Kommentar schreiben und auf diesen solltest du reagieren. Das kann mit einem Herzchen sein oder einer geschriebenen Antwort. In dem Moment, in dem ein Posting von dir unter einem Kommentar beantwortet wird, rutscht dieses Posting in der Timeline bei all deinen Freunden wieder nach oben und wird ihnen angezeigt. Der große Vorteil ist, dass deinen Beitrag jetzt Leute sehen, die ihn vorher vielleicht noch nicht gesehen haben, weil sie nicht online waren. Wenn du deine eigenen, persönlichen Postings auf diese Art immer wieder auf die Timeline deiner Freunde schiebst, erreichst du mehr Reichweite und damit verbunden weitere Likes und Kommentare (die es dann wiederum von dir zu kommentieren gilt). Durch diese Interaktion bleibst du immer sichtbar für deine Freunde. Du musst nicht sofort auf Kommentare reagieren, denn wenn du ein oder zwei Tage vergehen lässt, dann erreichst du durch deine Reaktion sicherlich die Leute, die dein Posting noch nicht gesehen haben, und das ist gut. Diese Interaktion mit deinen Followern hat mehr Qualität, als wenn du ständig neue Postings erstellst oder alles teilst oder kommentierst, was dir wichtig erscheint. Denn übereifrige Social-Media-Nutzer können andere ganz schön nerven.

Wenn du Videos erstellen möchtest, dann musst du zuerst deine Scheu verlieren. Auch ich wollte am Anfang nicht vor der Kamera stehen, heute habe ich aber erkannt, wie wertvoll Facebook-Videos für den Austausch oder die Weitergabe von Informationen sein können. Du kannst ein normales Video mit dem Handy erstellen und hochladen oder aber ein Live-Video drehen. Bei Letzterem bist du live auf Sendung, dafür solltest du gut vorbereitet sein. Video-Links von anderen Kanälen (beispielsweise Youtube) sollten besser nicht über Facebook geteilt werden, weil der Benutzer die Facebook-Seite verlassen muss, um sich das

Video anzuschauen, und das ist nicht im Sinne von Facebook. Konkret bedeutet das, dass du für diese Art der Videopräsentation weniger Traffic (also Resonanz) erfährst. Es ist immer besser, ein Video direkt auf Facebook zu laden oder live zu erstellen. Ein Video von dir sollte kurz, knapp und informativ sein. Die beliebtesten Videos sind nur eine bis drei Minuten lang. Ob sich jemand dein Video angeschaut hat, erkennst du an der angezeigten Anzahl der Aufrufe.

Merke: Poste und lade Fotos und Videos direkt auf Facebook hoch und verlinke keine externen Seiten, um die Follower von der Plattform wegzuführen. Facebook mag es lieber, wenn die Interaktion hier stattfindet.

Du musst dir übrigens gar keinen Stress machen. Sicherlich hast im Laufe des Tages immer wieder Momente, in denen du ein Foto oder ein kurzes Video zu einem passenden Thema erstellen könntest. Wenn du diese Inhalte auf deinem Handy sammelst, dann hast du Zugriff darauf, wenn du etwas bei Facebook posten möchtest. Mehr als einmal täglich solltest du nicht auf Facebook posten. Ich persönlich empfehle dir zwei bis drei Postings pro Woche.

Doch wie kannst du jetzt genau mit Facebook Interessenten gewinnen?

Ganz einfach: Du versendest Freundschaftsanfragen an Personen aus deiner Zielgruppe, die zu dir passen (also beispielsweise an Frauen, da du als Frau mit Kosmetikprodukten dein Geschäft betreibst). Du kannst dich auf den Profilen anderer umschauen und so erkennen, ob sie Kunden oder Partner werden könnten. Wenn du dir ihre Freunde ansiehst, dann findest du unter diesen vielleicht auch Personen, denen du eine Freundschaftsanfrage senden magst.

Nimmt diese Person deine Freundschaftsanfrage an, dann bekommst du von Facebook im Messenger die Info, dass du mit dieser Person verbunden bist. Du kannst diese Person jetzt willkommen heißen, also dich beispielsweise für die Freundschaft bedanken. Natürlich solltest du dieser Person niemals sofort die Frage stellen, ob sie auch Geld verdienen will oder Interesse an deinen Produkten hat.

Deine Begrüßung könnte wie folgt ausstehen: ***»Herzlich willkommen, ich freue mich, dass wir jetzt Freunde sind. Lieben Gruß, Petra.«***

Wenn dir dein neuer Freund antwortet, dann ist das toll. Vielleicht entwickelt sich daraus sogar ein erster persönlicher Kontakt. Wenn dein neuer Freund nicht antwortet, dann ist das auch kein Problem, denn befreundet seid ihr ja. Du könntest aber auf das Profil der Person gehen, dir die Fotos anschauen und vielleicht – jedoch nur, wenn es passt – ein Like für ein Foto abgeben. Das zeigt dem anderen, dass du Interesse hast und dich mit dem Profil beschäftigt hast.

Es kann aber auch sein, dass die Person deine Freundschaftsanfrage mit den Worten »Woher kennen wir uns?« beantwortet. Dann kannst du entweder antworten (je nachdem, wie freundlich diese Person dir geschrieben hat), dass du sie gern kennenlernen möchtest, oder aber, dass die Anfrage versehentlich gestellt wurde. Du kannst eine Freundschaftsanfrage jederzeit auch wieder zurücknehmen.

Es kann sein, dass sich während deiner Freundschaftsanfrage bei Facebook ein Fenster öffnet, in dem gefragt wird, ob du diese Person wirklich kennst. Wenn diese Frage kommt, dann brichst du die Anfrage ab. Diese Personen haben dann eine Einstellung bei Facebook vorgenommen, dass nur Freunde von Freunden eine Freundschaftsanfrage stellen dürfen.

Du solltest pro Tag so viele Freundschaftsanfragen versenden, dass du eine ordentliche Ausbeute (also neue Freunde) hast, die dir und deinen Inhalten zukünftig folgen.

Wichtig ist, dass du niemals einer Person ungefragt eine Nachricht sendest, um auf dein Business hinzuweisen. Das ist Spam und das gehört sich nicht. Die Leute reagieren genervt, blockieren dich, schlimmstenfalls melden sie dich bei Facebook und dein Account wird gesperrt. Ziel ist, dass die Leute so neugierig werden, dass sie DICH anschreiben, um nähere Informationen zu bekommen. Und erst dann, wenn dich jemand fragt, trittst du näher mit ihm in Kontakt.

Beispielsweise könnte dich ein neuer Freund fragen, was du so machst.

»Du möchtest wissen, was ich mache? Was meinst du? Beruflich oder privat?«

Je nachdem, welche Antwort du bekommst, kannst du reagieren. Wenn du gefragt wirst, was du beruflich machst, dann antwortest du ganz kurz und knapp, dass du ein Video sendest, in dem alles erklärt ist. Und dann sendest du einen Link zu einer kurzen Geschäftspräsentation. Wenn jemand schon weiß, dass du im Network Marketing aktiv bist (vielleicht, weil er Fotos von dir mit Produkten gesehen hat) und er stellt dir ganz gezielt Fragen, dann kannst du auch ganz gezielt darauf antworten. Aber: Immer kurz und knapp; versende lieber Links zu Videos oder Webinaren, dann sparst du dir die Zeit, mühsam einzelne Bausteine erklären zu müssen. Und danach löcherst du deinen neuen Kontakt bitte nicht mit Fragen (»Hast du das Video schon gesehen?«), sondern du lässt die Leute selbst aktiv werden. Denn: Wer die Chance erkennt, wird weitere Fragen stellen, um Antworten zu bekommen. Wenn du aber unbedingt aktiv werden möchtest, dann könntest du um Feedback zu dem Video bitten (»Ich würde mich über dein Feedback freuen«).

Du weißt: Wir wollen Sog erzeugen und keinen Druck! Ein Profi sorgt dafür, dass ihm Menschen folgen.

Wenn du deinen Geschäftsaufbau strukturiert arbeitest, dann gehört Social Media einfach mit dazu. Und so solltest du Facebook unbedingt auch mit in deinen täglichen Zeitrahmen einplanen. Im Network Marketing gilt es immer, 80 Prozent der Zeit in den Aufbau neuer Partner zu investieren und 20 Prozent sind anderen Tätigkeiten wie die Betreuung der Partner gewidmet, und so ist Facebook elementar wichtig für die Erweiterung deines Teams.

Facebook ist cool und macht Spaß, doch stundenlanges Stöbern durch andere Profile oder ständiges Posten von allem, was du tust, bringt dich nicht an dein Ziel. Als Network-Marketing-Profi sorgst du dafür, dass du 80 Prozent deiner Zeit bei Facebook mit dem Aufbau deiner Freundesliste beschäftigt bist – bis du 5.000 Freunde hast!

So, wie du dein Wohnzimmer immer wieder aufräumst und vielleicht ab und zu auch einmal anders dekorierst, so will auch dein Facebook-Profil gepflegt werden. Und so kannst du durchaus auch »alte« Freunde entfernen, wenn du erkennst, dass du keinen Nutzen aus ihnen ziehen kannst und sie nicht zu deiner Zielgruppe gehören. Letztlich ist Facebook ein Business-Tool für dich, und so solltest du es auch verwalten.

Wenn du unsicher bist, ob deine Fotos und Videos für die sozialen Medien geeignet sind, dann bitte deinen Sponsor (Führungskraft) um Unterstützung. Network-Marketing-Profis wissen, wie sie sich bestmöglich und ohne aufdringlich zu sein im Internet präsentieren.

Es gibt bei Facebook leider viele schwarze Schafe, die rund um die Uhr darauf aus sind, neue Kontakte zu finden, und vor deren Vorgehensweise ich dich warnen möchte. Wenn du eine Nachricht mit dem Wortlaut (oder so ähnlich) »Hey, bist du das in diesem Video…?« und einem Link bekommst, dann solltest du hellhörig werden. Du solltest niemals auf diesen Link klicken, denn dahinter verbirgt sich ein Virus, der sich Zugriff auf dein Facebook-Konto und deine Freundesliste verschafft. Auch solltest du vorsichtig sein, wenn es um Spiele oder Tests geht (»Klicke hier und schau dir an, wie du im Alter aussiehst«, »Welches Tier verbirgt sich hinter deinem Namen?«) oder wenn dich jemand dazu auffordert, die Richtlinien von Facebook (oder andere Inhalte) zu teilen. Auf Links in solchen Inhalten solltest du niemals klicken. Diese Anfrage und Postings sind Fakes und Kettenbriefe, die dir und deinem Facebook-Profil schaden können. Vielleicht hast du auch schon die Bilder von Prominenten gesehen, die für Risikogeldanlagen oder Diätpillen werben? Auch das sind geklaute Fotos und Fake-Profile, auf die du nie aus Neugierde klicken solltest.

3. Warum Network Marketing deine Chance ist

»Manchmal müssen wir flüstern, damit nicht jeder versteht, welch großartige Chance wir mit Network Marketing haben. Denn sonst würde es ja jeder machen.«

Seit über 20 Jahren liebe und lebe ich die Network-Marketing-Branche und ich könnte ein ganzes Buch allein über die Vorteile schreiben, die diese Industrie mit ihrem einzigartigen Geschäftsmodell bietet. Network Marketing hat mein Leben positiv verändert und ich habe mit Network Marketing das Leben anderer Menschen positiv verändert und es wird dein Leben positiv verändern. Und du kannst das Leben anderer Menschen positiv verändern.

Meine Begeisterung möchte ich an dich weitergeben. Denn wenn du verstehst, was für ein wertvolles Geschenk du mit deinem eigenen Network-Geschäft bekommen hast, dann solltest du es hüten wie einen wertvollen Schatz. Du solltest all deine Energie in den Aufbau deines Teams stecken, denn du hast nichts zu verlieren, aber unglaublich viel zu gewinnen. Vielleicht verstehst du heute noch nicht, was für ungeahnte Möglichkeiten, Erlebnisse, Ergebnisse und Veränderungen dir diese Branche bescheren kann, und somit bitte ich dich an dieser Stelle, mir zu vertrauen. Wenn du mir vertraust und mir glaubst, dann verspreche ich dir, dass dein neues Geschäft dein Leben enorm bereichern wird.

Wenn du deine Chance erkennst, dann bist du unaufhaltsam!

Immer mehr Menschen wird bewusst, dass es in ihrem Leben und im Job keine wirkliche Sicherheit (mehr) gibt. Befristete Arbeitsverträge, Billiglöhne über Subunternehmen, Kurzarbeit, Arbeitsplatzabbau, Unternehmensinsolvenzen, hohe Arbeitslosenzahlen, der technische Fortschritt, der den Menschen zum großen Teil ersetzen wird, der Wegfall ganzer Industriezweige, Abhängigkeiten (vom Partner, vom Chef ...) – all das regt zum Nachdenken an und motiviert zum Handeln. Wir erkennen, dass wir nicht so sicher sind, wie wir glaubten. Wer sich jetzt ein zweites Standbein neben seinem Hauptjob aufbaut, schafft sich ein Stück weit Sicherheit. Doch es ist gar nicht unbedingt nur der Wunsch nach Sicherheit, der zur Veränderung führt. In vielen Fällen reicht das im Hauptjob verdiente Geld nicht aus, um den Lebensunterhalt zu bestreiten beziehungsweise um sich persönliche Wünsche zu erfüllen. Es gibt viele Angebote für Nebenjobs, doch ist die Arbeit in der Gastronomie, im Supermarkt, als Lagerarbeiter oder Putzkraft wirklich erstrebenswert? Die Lösung kann eine andere sein und sie lautet: NETWORK MARKETING!

3.1. Network Marketing einfach erklärt

Unser Business ist ganz einfach zu erklären und dennoch tun sich so viele Vertriebspartner so schwer, weil sie sich um Kopf und Kragen reden, erklären, erläutern, rechtfertigen, und all das wirft sehr oft ein schlechtes Licht auf die Branche. Network Marketing muss nicht umständlich erklärt werden, denn es ist total easy. Network Marketing unterscheidet sich vom klassischen Handel dahingehend, dass es keine Zwischenhändler gibt, die Geld verdienen wollen (und müssen). Network-Marketing-Unternehmen und ihre Partner (also die Vertriebspartner) müssen keine Verkaufsflächen oder Büros anmieten und brauchen nicht in Werbung zu investieren. Die Unternehmen gehen den Direktvertriebsweg, das bedeutet, dass der Endverbraucher direkt beim Partner einkauft, der seine Produkte direkt vom Unternehmen bezieht, die diese selbst herstellen beziehungsweise nach ihren Vorgaben herstellen lassen. Baut das Geschäftsmodell auf dem Empfehlungsmarketing auf, dann können Vertriebspartner nicht nur Kunden gewinnen, sondern sich ein Team aufbauen, dessen Umsätze entsprechend des Karriereplans mehrere Ebenen tief vergütet werden. Ein großer Vorteil im Network Marketing ist, dass Firmen hochwertige Produkte herstellen (oder herstellen lassen) können, da sie keinen so hohen Kostenapparat bedienen müssen, wie es der klassische Handelsweg (mit den Stationen Produzent, Großhändler, Einzelhändler, Kunde, Werbung, Ladenfläche, etc.) sonst vorsieht. Network-Unternehmen können dadurch die Qualität eines Produkts drastisch erhöhen und zusätzlich durch den Wegfall des Zwischenhandels attraktive Vergütungen an den Vertriebspartner zahlen.

Das Geschäftsmodell Network Marketing ist immer gleich, lediglich die

Unternehmen unterscheiden sich mit ihren Produkten und feinen Details wie der Einstiegsgebühr (Lizenz), den Startersets, dem Vergütungsplan, eventuellen Umsatzvorgaben und den Auszahlungsmodalitäten. Registrierte Vertriebspartner von Network-Marketing-Unternehmen erhalten eine eigene Partnernummer sowie in den meisten Firmen eigene Weblinks, über die neue Partner eingeschrieben und Produkte verkauft werden können. Außerdem kann jeder Partner Produkte günstiger einkaufen und selbst nutzen oder zum Endpreis an Kunden verkaufen und somit an der Handelsspanne verdienen.

Im Network Marketing kannst du in drei bis vier Jahren mehr erreichen, als du es in 40 Jahren Berufsleben je könntest. Und genau deshalb ist Network Marketing auch DAS Geschäftsmodell der Zukunft, denn nirgendwo sonst gibt es so viele Freiheiten, Chancen und Sicherheiten wie hier.

Als Neueinsteiger in die bunte Welt des Network Marketings wirst du immer wieder über Begriffe stolpern, die ich hier kurz erklären möchte.

Dein ***Sponsor*** ist die Person, die dich in das Unternehmen gebracht hat und die auch dein direkter Ansprechpartner bei Fragen ist, zu denen du selbst keine Antwort findest. Dein Sponsor gehört zu deiner ***Upline*** (er ist über dir), und wenn du jemanden selbst in dein ***Team*** (auch ***Struktur*** oder ***Organisation***) einschreibst, dann bist du der Sponsor deiner ***Downline*** (also deiner neuen ***Partner*** unter dir). Jeder neue Teampartner kann selbst auch wiederum Partner registrieren, so entsteht ***Duplikation*** in tiefe ***Ebenen***. Bei den meisten Unternehmen wird nach dem Registrieren ein ***Starterset (Starterpaket)*** empfohlen, damit die Produkte selbst genutzt und vorgestellt werden können. Im ***Backoffice***, in das du dich mit deinen persönlichen Zugangsdaten einloggen kannst, sind Informationen, Materialien, deine persönlichen Daten sowie Umsätze und Provisionen hinterlegt. Die Einnahmen in den verschiedenen Ebenen sowie die Voraussetzungen für ***Qualifikationen*** und einer Provisionsberechtigung werden im ***Karriereplan*** (***Vergütungsplan*** oder ***Marketingplan***) dargestellt. Und wer besonders erfolgreich ist, der erhält nicht nur seine ***Provisionen*** und ***Boni*** ausbezahlt, sondern wird außerdem je nach Unternehmen mit ***Incentives*** (Prämien) belohnt. Network Marketing wird auch als ***Multi-Level-Marketing*** (MLM) oder ***Empfehlungsmarketing*** bezeichnet, sollte aber niemals als Schneeballsystem oder Pyramidensystem betitelt werden.

Da du dieses Buch liest, hast du dich bereits PRO Network Marketing entschieden und hierzu möchte ich dich ausdrücklich beglückwünschen. Vergiss all die negativen Meinungen, Warnungen und Argumente von Leuten, die gegen das Geschäftsmodell reden, denn erstens haben sie vielleicht selbst noch gar keine Erfahrungen gesammelt, haben vielleicht von jemandem gehört, dass Network Marketing nicht funktioniert, oder sie waren in einer Firma registriert, der Erfolg blieb aus. Vielleicht haben sie das System der Duplikation nicht verstanden. Heißt das dann, dass Network Marketing nicht funktioniert? Nein, das heißt es nicht. Denn dass Network Marketing funktioniert, zeigen all die Erfolgsgeschichten unzähliger Vertriebspartner in den unterschiedlichsten Firmen – und das weltweit.

Leider gibt es immer noch Einsteiger, die glauben, dass sie mit ihrer Registrierung die Lizenz zum Gelddrucken erworben haben, und vielleicht wurde ihnen auch versprochen, dass sie über Nacht reich werden. Sie wachen am nächsten Morgen auf und das Bankkonto ist immer noch leer. Diese Leute erzählen dann, dass Network Marketing Abzocke und unseriös ist.

Ich sage dir hier noch einmal in aller Deutlichkeit, in Großbuchstaben und zum Einprägen:

NETWORK MARKETING IST EINE SERIÖSE GESCHÄFTSMÖGLICHKEIT, UM SICH LANGFRISTIG UND SICHER EIN ZWEITES STANDBEIN AUFZUBAUEN! DOCH DER GESCHÄFTSAUFBAU BRAUCHT ZEIT!

Ob jemand im Network Marketing erfolgreich ist, liegt niemals am Produkt oder am Unternehmen oder an der Politik, an den Nachbarn, am Wetter, an den Umständen … es liegt einzig und allein an der Person selbst. Es liegt also an DIR! Wenn es nur ein Partner in deinem Unternehmen an die Spitze des Karriereplans geschafft hat, dann ist das der Beweis, dass es funktioniert, und das ist der Beweis, dass auch du es schaffen kannst.

Es ist deine verdammte Pflicht, die Menschen über dein Geschäft zu informieren. Sie wissen es nicht. Wenn noch mehr Menschen wüssten, dass es Network Marketing gibt und was mit Network Marketing erreicht werden kann, dann wären sie womöglich auch Networker. Du kannst ihnen helfen, denn du kannst ihnen eine Möglichkeit aufzeigen, damit sie ihre Lebenssituation wirklich, nachhaltig und langfristig verbessern. Und zwar genau so, wie du dein Leben genau jetzt verbesserst.

Die Vorteile von Network Marketing liegen auf der Hand, und keine andere Tätigkeit bringt so ein hohes Maß an Selbständigkeit, Freiheit, Flexibilität, Einkommen, Fairness, Teamgeist, Eigenverantwortung und

Motivation mit sich. Als registrierter Partner in einem Network-Marketing-Unternehmen bist du selbständig und somit dein eigener Chef. Es gibt keine Arbeitsvorgaben, dafür jedoch die komplette Freiheit. Du kannst arbeiten, ***WANN*** du willst, mit ***WEM*** du willst und ***WO*** du willst, und auch entscheidest nur du allein darüber, ***WIE VIEL*** du arbeiten und somit verdienen willst. Es gibt keinen Druck vom Chef und keine vorgegebenen Arbeitszeiten. ***JEDER*** kann sein Network-Marketing-Business nebenberuflich oder im Hauptjob ausführen und es kann sofort gestartet werden. Es bedarf keinerlei Vorerfahrungen, keiner bestimmten Schulbildung oder Ausbildung; Alter, Geschlecht, Religion und Hautfarbe sind in dieser Branche egal. Studenten, Angestellte, Rentner oder Arbeitssuchende: Jeder bekommt im Network Marketing die gleiche Chance, um sein Leben zu verändern. Jeder arbeitet mit demselben Karriereplan und somit hat jeder die Möglichkeit, Schritt für Schritt die Karrierestufen nach oben zu steigen und entsprechend seines Engagements Geld – auch viel Geld – zu verdienen. Die einzigen Voraussetzungen, die ein Networker braucht, sind der unbedingte Wunsch nach Veränderung sowie die Disziplin, als eigener Chef täglich aktiv sein zu wollen.

Die Selbständigkeit an der Seite eines Network-Marketing-Unternehmens ist nicht mit einer hohen Investition verbunden, wie man es sonst aus der Wirtschaft kennt. Üblich ist, dass Unternehmer zum Start eines eigenen Geschäfts einen Kredit bei der Bank aufnehmen müssen.
Sie müssen Ladenräume anmieten und einrichten. Sie müssen Waren einkaufen und Mitarbeiter einstellen und sie tragen eine große Verantwortung. Sie sind abhängig von Öffnungs- oder Geschäftszeiten und bei einer Neugründung geht man davon aus, dass erst nach einigen Jahren schwarze Zahlen geschrieben und Gewinne abgeworfen werden. All

das hast du als Networker nicht. Du stattest dich mit ein paar Produkten aus, die du selbst gern testen möchtest, und kannst direkt loslegen. Du kannst ab dem ersten Tag an Geld verdienen. Du brauchst kein Lager, musst dich nicht um die Zahlungsmodalitäten oder den Versand kümmern und du hast auch keine Mitarbeiter. Du kannst ein Team aufbauen, das eigenverantwortlich arbeitet. Deine einzige Aufgabe ist es: Menschen, die ***DICH*** kennen, diese Geschäftsidee begeistert vorzustellen.

Im Network Marketing gilt immer: Alles kann, nichts muss.

3.2. Die Macht der Duplikation

Das große Geheimnis im Network Marketing ist die Duplikation. Wer als Network Marketing Professional seinen Weg geht, nicht nach rechts oder links schaut, sich also nicht ablenken lässt, fokussiert bleibt und an seinen Zielen festhält, wird ein Team aufbauen und durch das Zauberwort Duplikation schnell Einnahmen erzielen. Ein Profi konzentriert sich auf das Duplizieren seiner Partner im Team, und das heißt, dass er versteht, dass der Erfolg im Network Marketing einzig und allein von der Duplikation abhängt. Denn: Die Duplikation erzeugt Masse, und die Masse macht den Erfolg, und der Erfolg beschert Einkünfte.

Ein Network-Marketing-Profi weiß, dass er – wenn er ein riesengroßes Team aufbauen will, welches ihm zu sehr hohen Einkünften verhilft – so vorgehen muss, als würde er eine gigantisch große Blumenwiese anlegen. Er muss die Wiese vorbereiten (die ersten Schritte richtig lernen), um anschließend die zigfache Menge an Samen auf der Wiese zu verteilen, weil er weiß, dass nicht alle Samen aufgehen werden und nur aus einigen Blumen werden. Einige Samen werden vom Wind weggeblasen, andere von Vögeln gefressen und wieder andere gehen einfach nicht auf.

Was ein Profi vorlebt, wird von den Menschen, die ihm folgen, nachgemacht, und so ist es im Tagesgeschäft von großer Bedeutung, dass du das tust (also vorlebst), was von anderen nachgemacht (also dupliziert) werden kann. Denn nur dann können sich andere Leute mit dir, deiner Tätigkeit und dem Geschäft identifizieren und verstehen, dass sie selbst auch so arbeiten können. Ein Profi ist nicht perfekt, und das soll er auch gar nicht sein, da Perfektion niemals von der Masse der Menschen duplizierbar ist. Ein Profi denkt und handelt nicht in Perfektion, sondern er zeichnet sich einzig und allein durch seine Disziplin aus. Ein Profi ist eine Führungskraft wie du und ich, zum Greifen nah, allerdings lebt er genau vor, was nachgemacht werden kann und soll. Nur wenn ein Geschäft von jedem verstanden werden kann und wenn die Produkte einfach anzuwenden sind und ohne große Erklärungen auskommen, dann kann sich ein Team schnell duplizieren. Fachvorträge über die Inhaltsstoffe von Produkten und die biochemischen Auswirkungen auf den Körper sind daher überhaupt nicht gewünscht, denn das verwirrt die Nutzer und sie trauen sich diese Tätigkeit nicht zu, weil sie selbst vielleicht nicht über derart viel Wissen verfügen. Es gilt daher immer: Halte es einfach, so dass es sich duplizieren lässt.

Sobald du als Profi eine Aktivität startest, solltest du dir immer die Frage stellen, ob diese Aktivität von jedem aus deinem Team duplizierbar ist und ob sie Interessenten anspricht.
Um die Macht der Duplikation zu verstehen, kannst du auf einem Blatt Papier einen Kreis aufmalen – das bist du. Von diesem Kreis gehen drei

Arme ab und am Ende dieser Arme malst du jeweils einen Kreis. Du gibst diesen Kreisen den Namen derer, die du in dein Team geholt hast und die ernsthaft ein Geschäft aufbauen wollen. Du hast jetzt ein kleines Team. Wenn diese drei Personen auch jeweils drei Partner finden, denen sie das Geschäft vorstellen und die ihre Begeisterung für die Produkte und das Unternehmen teilen, dann ist dein Team schon 13 Partner stark und es hat sich in die zweite Ebene dupliziert. Du zeichnest also von den drei Kreisen jeweils drei Arme und am Ende dieser Arme malst du drei neue Kreise. Das sind Partner, die du vielleicht gar nicht persönlich kennst, an denen du aber bereits Provisionen gemäß des Vergütungsplans verdienst. Zeichnest du unter die neuen Partner wieder drei Arme und am Ende der Arme einen Kreis, dann wird dir langsam bewusst, wie schnell sich dein Team dupliziert. Und hier musst du bedenken, dass jeder neue Partner jeweils nur drei neue Partner in sein Team holt.

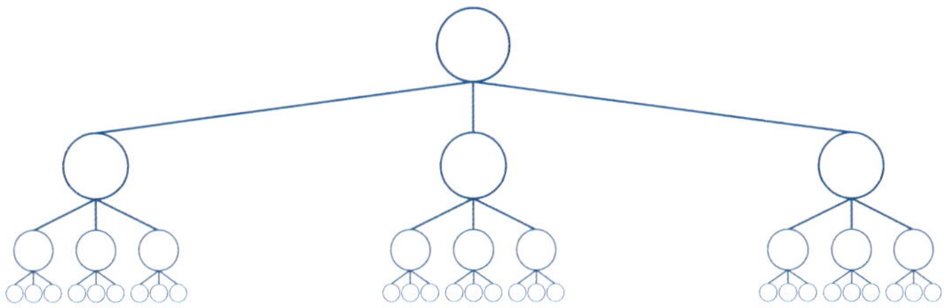

Erkennst du die Macht der Duplikation? Genau das ist die große Kraft, die hinter dem Geschäftsmodell Network Marketing steckt.

Wenn jeder Geschäftspartner nur drei neue Partner in sein Team holt und diese auch jeweils nur drei neue Partner in das Geschäft holen und diese jeweils drei Partner registrieren und diese drei neue Partner … dann wird dir jetzt vielleicht schon ganz schwindelig bei der Vorstellung, wie schnell sich dein ganzes Blatt mit Kreisen füllt. Wenn du dich nur bis zur dritten Ebene dupliziert hast, dann ist dein Team 40 Teampartner stark. Wow.

In der fünften Ebene duplizieren sich die Partner, indem sie jeweils auch nur drei neue Partner in das Team bringen, und aus 81 Partnern werden in Blitzgeschwindigkeit 243 Partner. Reicht dein Blatt Papier noch aus, um all diese Kreise zu malen? Aus 243 Partnern werden mit jeweils nur drei neuen Partnern 729 Partner ... das ist die Macht der Duplikation, das ist das Geschäft der großen Zahlen – und du verdienst an jeder Aktivität mit. Hinzu kommen noch die Umsätze der Endkunden, die bestellen, aber an keinem Teamaufbau interessiert sind.

Natürlich gibt es immer wieder Partner, die sich nur in deinem Team registrieren, um als Vorteilskunde die Produkte günstiger einkaufen zu können. Das ist okay, daher solltest du dich in deiner Zusammenarbeit auf die Partner konzentrieren, die ernsthaft ein Einkommen erzielen wollen. Wenn du dir vorstellst, dass du Partner in deinem Team hast, die sich duplizieren, und diese duplizieren sich, und diese wiederum auch, und an all diesen neuen Partnern verdienst du mit, dann wird dir bewusst, wie wichtig die Duplikation im Network Marketing ist. Irgendwann hast du die Kontrolle verloren, denn die Lawine nimmt an Fahrt auf und ist nicht mehr zu stoppen.

Jeder der Partner in diesem Beispiel hat lediglich drei Partner informiert, die ernsthaft ihren Geschäftsaufbau betreiben, und diese haben sich wiederum dreifach dupliziert. Wenn du dir jetzt vorstellst, dass du und deine Partner jeweils vier oder sogar fünf oder sechs neue ernsthafte Partner in die Organisation holen, dann kannst du dir selbst ausrechnen, welche Ergebnisse durch die Duplikation in die Tiefe erzielt werden können. Und die ganze Arbeit besteht nur darin, die Menschen, die einen kennen, über das zu informieren, was man tut.

Sprich mit den Menschen, die dich kennen, über dein Geschäft, zeige ihnen dein Produkt und erkläre ihnen die Macht der Duplikation.

Und auch, wenn du immer wieder Partner in deinem Team haben wirst, die nach einigen Wochen oder Monaten nicht mehr aktiv sind und das Interesse verloren haben, so ist das kein Problem, denn du konzentrierst dich auf neue Partner, die du registrierst, und so wird die Lawine niemals an Geschwindigkeit verlieren, weil immer wieder neue Partner in dein Team kommen, die sich in die Tiefe duplizieren können.

Kannst du dir heute vorstellen, wie es sich anfühlt, wenn du 2.000 oder 5.000 oder 8.000 Euro nebenbei verdienst, weil du immer wieder über dein Geschäft gesprochen hast? Wie wird sich dein Leben verändern? Vielleicht kannst du dir diese Dimensionen heute noch nicht vorstellen, aber dann wirfst du einen Blick auf das Blatt Papier mit all den Kreisen, und du weißt, dass sich all deine Vertriebspartner duplizieren können und dass es im Network Marketing keine Grenzen gibt. Es gibt keine Begrenzung: Du kannst so viele Partner in dein Team holen, wie du möchtest, und du kannst so viel Geld verdienen, wie du willst.

Im Network Marketing sind nach unten (Partner in deinem Team) und nach oben (Verdienst) keinerlei Grenzen gesetzt.

Network Marketing ist das Geschäft der großen Zahlen.

3.3. Der Karriereplan; die Network-Marketing-DNA

Das Herzstück eines jeden Network-Marketing-Unternehmens ist der Karriereplan (auch Vergütungsplan oder Marketingplan). Der Karriereplan ist sozusagen die DNA der Firma, denn das Vergütungssystem sagt aus, welche Provisionen unter welchen Voraussetzungen verdient werden können. Anhand des Karriereplans wird praktisch die Arbeitsweise vorgegeben, denn wer den Plan seines Unternehmens kennt, der weiß ganz genau, wie er arbeiten muss, um die nächsthöhere Stufe zu erklimmen.

Es gibt erfahrene Networker, die sich nicht aufgrund der Produkte, sondern aufgrund des Karriereplans für den Einstieg in ein Network-Unternehmen entscheiden. Sie erkennen sofort, ob es realistisch ist, hier hohe Positionen zu erreichen und somit viel Geld zu verdienen. Leider ist den meisten Networkern das schnelle Geldverdienen wichtiger als die langfristige Perspektive, die letztlich dem Unternehmen und dem Partner selbst Stabilität bringt. Die Networker, die mit wenig Arbeitseinsatz viel erreichen wollen, sind allerdings oftmals so schnell wieder von der Bildfläche verschwunden, wie sie aufgetaucht sind.

Wer sich die Zeit gibt, die es braucht, um ein funktionierendes Geschäft aufzubauen, sollte nach den Produkten (mit Alleinstellungsmerkmal) auswählen und außerdem schauen, dass der Vergütungsplan des Unternehmens so ausgerichtet ist, dass die Masse an Partnern lukrative Einkommen erzielen kann und nicht nur einige wenige Top-Leader an der Spitze überdimensionale Einkünfte. Viele Vergütungspläne sind so

aufgebaut, dass sich Schlüsselpositionen kaufen lassen. Hierzu registriert sich ein neuer Partner und steigt mit einem hochpreisigen – also großen – Starterset in das Unternehmen ein, um so vom Start weg eine bestimmte Position innezuhaben. Für die Unternehmen ist das ein Vorteil, denn diese Umsätze sind ihnen garantiert. Und der neue Partner freut sich, denn er kann sofort von seiner erworbenen Stufe profitieren. Allerdings haben künstliche Höhen tiefe Täler. Denn arbeitet der neue Partner nicht konsequent an seinem Business, indem er neue Partner in sein Team holt und die Umsatzvorgaben erfüllt, dann wird er seine erworbene Stufe wieder verlieren beziehungsweise hat er keine Chance, eine nächste höhere Stufe zu erreichen. Auch ist der Aktivstatus unter Umständen so hoch angesetzt, dass er aus der Verzweiflung heraus selbst viele Produkte kauft, um Provisionen zu erzielen und seinen Rang nicht zu verlieren. Ist die erste Euphorie vorbei und der Partner sieht, dass er so bald seinen ***»Keller«*** voll mit Produkten hat, sich aber kein Erfolg einstellt, gibt er frustriert auf.
Bei den Karriereplänen gibt es viele unterschiedliche Ausführungen. Karrierepläne, die auf sehr hohe persönliche Umsätze (hoher Aktivstatus) ausgerichtet sind, eignen sich eher für Menschen, die hauptberuflich die Tätigkeit des Network Marketings ausüben, Nebenberufler werden dadurch langfristig auf der Strecke bleiben. Karrierepläne, die auf bestimmte Umsätze in den Tiefen abzielen, sorgen oft für künstliche Einkäufe, um Karrierestufen zu erreichen und das überwiegend in den letzten zwei bis drei Tagen eines Monats. Die Werte und die Ethik eines Unternehmens drücken sich daher nicht durch gut formulierte Worte auf einer Website oder in Flyern aus, sondern lassen sich immer im Karriereplan (Vergütungsplan) erkennen, denn nur hier zeigt sich, wie ethisch korrekt das Partnerunternehmen mit seinem Vertrieb umgeht. Ein Karriereplan muss lukrativ, einfach und ***FAIR*** sein!

men eingeschrieben ist, die gleichen Einkaufspreise hat und die Produkte zu den gleichen Verkaufspreisen anbietet. Wenn du aufmerksam bist und genau darauf achtest, welche Argumente dein Gesprächspartner vorbringt, dann kannst du entsprechend auf diese Aussagen reagieren. Frage ihn immer: ***Was meinst du damit, wenn du sagst, dass es sich bei Network Marketing um ein Schneeballsystem handelt?***

Unternehmen, die hochwertige Produkte zu fairen Konditionen durch ihre Vertriebspartner weiterverkaufen lassen und ihnen anhand eines Karriereplans Provisionen ausbezahlen, sind genauso seriös wie alle anderen Unternehmen, die verkaufen und leistungsbasiert bezahlen. Und wenn wir genau überlegen, dann ist doch eigentlich jedes Unternehmen in der Wirtschaft wie eine Pyramide aufgebaut. Denn ein Arbeiter am Fließband eines großen Autokonzerns hat auch einen Vorarbeiter, der mehr verdient als er selbst. Und über diesem Vorarbeiter sitzt ein Abteilungsleiter, und ganz oben an der Spitze gibt es den Vorstand, der am meisten Geld verdient. Wie groß ist deine Chance, in solch einem Unternehmen als einer von tausenden von Arbeitern am Fließband in die Chefetage aufzusteigen (es sei denn, du heiratest die Tochter des Chefs)? Im Network Marketing hat jeder die Möglichkeit, in die höchsten Karrierestufen des Unternehmens aufzusteigen – egal welche Voraussetzungen er oder sie hat und wann er oder sie beginnt!

3.5. Ethik und Moral

Wenn ich auf meine vielen Jahre im Network Marketing zurückschaue, dann sehe ich, dass sich einiges in der Branche verändert hat; doch ich sehe auch, was alles noch geblieben ist, weil es einfach funktioniert. Leider haben sich im Laufe der Jahre bei Networkern unschöne Eigenschaften eingeschlichen, da diese von Generation zu Generation weitergegeben werden. Und so zeigen sich immer noch Möchtegern-Führungskräfte vor ihren protzigen Fahrzeugen, lassen sich vor Luxushotels fotografieren und versprechen Wohlstand und Reichtum, ohne großartig dafür arbeiten zu müssen. Durch die sozialen Medien werden wir überschwemmt mit unseriösen Angeboten und Postings, die nur dem Zweck dienen sollen, uns zu ködern. Es stört mich, wenn ich sehe, wie sich viele Vertriebspartner nach außen hin darstellen. Diese ***»Vom Tellerwäscher zum Millionär«***-Story ist den 80er Jahren entsprungen und überhaupt nicht mehr modern. Diese Art des Zur-Schau-Stellens wirft ein schlechtes Licht auf die gesamte Network-Branche, denn die Arbeitsweise dieser Vertriebspartner hat nichts mehr mit Ethik und Moral zu tun. Und dabei sind Ethik und Moral wie in jedem anderen Unternehmensbereich auch – vor allem aber hier – so wichtig. Doch leider gehören zu einer großen Herde weißer Schafe immer wieder auch schwarze Schafe, die aus der Masse hervorstechen. Vertriebspartner von Unternehmen, die nur ihren eigenen Vorteil sehen, auf Biegen und Brechen Waren verkaufen und neue Partner in ihr Team ziehen wollen, sind nicht nur unseriös, sondern sie arbeiten auch unseriös. Wer immer nur seinen eigenen Nutzen in den Vordergrund rückt, der verspricht, was er niemals halten kann. Leider fallen viele noch unerfahrene Networker auf diese unehrlichen Methoden herein und lassen sich mit unlauteren Aussagen locken. Je eher du weißt, dass da draußen – vor allem auch online auf den Social-Media-Plattformen – viele Menschen unterwegs sind, die es nicht gut mit dir meinen, sondern nur auf ihren eigenen Vorteil bedacht sind, umso stabiler bist du und lernst, dich zu wehren.

Echte und langjährig erfolgreiche Führungskräfte würden niemals auf die Idee kommen, andere Networker anzuschreiben, um sie aus ihrem bestehenden Unternehmen abzuwerben. Viele Networker erhoffen sich einen ganz großen Coup. Sie wollen erfolgreiche Führungskräfte aus einem anderen Unternehmen gewinnen, um sie mit der ganzen Struktur zu sich zu holen, um selbst groß zu werden. Ich selbst erhalte über Facebook ständig Anfragen, in denen mir ein hohes Einkommen mit sensationellen Produkten versprochen wird, und so gibt es Networker, die ganz gezielt Profile von anderen lesen und erkennen, dass diese im Direktvertrieb aktiv sind, um sie dann anzuschreiben und ihnen eine noch bessere Möglichkeit des Geldverdienens aufzuzeigen. Dabei ist Abwerben gar nicht nötig. Es gibt zig Millionen Menschen, die sich über eine Chance, ihren Lebensstandard zu verbessern, freuen würden. Genau diese Menschen sollen angesprochen werden und nicht all die anderen, die bereits in einem Network-Unternehmen eingeschrieben sind. Wenn sich allerdings jemand von sich aus bei dir meldet, weil er dich bereits kennt oder online beobachtet hat und vielleicht schon Network-Marketing-Erfahrungen gesammelt hat, dann solltest du unbedingt eine Kommunikation anstreben und ihn über dein Geschäft informieren.

Leider reden viele Networker ihre einstigen Unternehmen schlecht. Eine echte Führungskraft geht nicht so vor. Eine echte Führungskraft, die von einem Unternehmen in ein anderes gewechselt ist, tritt nicht nach und redet negativ über das alte Unternehmen. Wir kennen das alle aus der Partnerschaft: Wie gern würden wir über den Ex-Partner herziehen, schimpfen und lästern und kein gutes Haar an ihm lassen – doch genau das sollten wir nicht tun. Und genauso wenig zieht man über einstige Arbeitgeber oder Firmen her, von denen man sich getrennt hat. Nicht ohne Grund heißt es: ***»Spuck niemals in den Topf, aus dem du gegessen***

hast.« Pauschal sollte nie negativ über andere Menschen oder über andere Firmen geurteilt werden. Eine Firma, die für den einen nicht gepasst hat, kann für den anderen passend sein. Ein Partner, der nicht zu dir gepasst hat, kann in einer anderen Person seinen Deckel finden. Wir sollten niemals alles über einen Kamm scheren.

Es gibt in der Network-Marketing-Branche den Spruch: ***»Die Wiese beim Nachbarn ist auch nicht grüner«,*** und das bedeutet, dass ein Wechsel von einem Unternehmen in ein anderes nichts bringt, denn die Arbeit ist überall gleich und muss getan werden. Dieser Spruch soll dir aufzeigen, dass es nicht auf die Produkte, auf das Unternehmen oder auf andere Leute ankommt, um erfolgreich zu sein. Wenn du dich für ein Unternehmen entschieden hast, dann liegt es ganz allein bei dir, in diesem Unternehmen erfolgreich zu werden. Du musst nicht nach rechts und links schauen und vergleichen, ob du woanders 50, 100 oder 300 Euro mehr Provisionen verdienen kannst. Du musst dich an deine eigene Nase fassen und aktiv werden, um in deiner jetzigen Firma die Stufen im Karriereplan nach oben zu klettern. Und hier wiederhole ich mich gern, wenn ich sage, dass es im Network Marketing keine Abkürzung gibt. Wenn du in dieser Firma keinen Erfolg hast, dann wirst du auch nicht in einer anderen Firma erfolgreich werden – es sei denn, du hast dich plötzlich geändert und die Dinge getan, die getan werden müssen. Der Erfolg liegt bei dir.

So unseriös wie manche Networker vorgehen, so unseriös verhalten sich leider auch einige Unternehmen. Unternehmen, die hohe Margen einfahren, indem sie billigste Produkte auf den Markt bringen, diese dann durch ihre Vertriebsmannschaft hochpreisig verkaufen lassen und außerdem die Partner mit einem hohen Aktivstatus oder Abo-System zur Abnahme zwingen. Diese Unternehmen haben die Begriffe Ethik und Moral nicht verstanden. Ethisch und moralisch korrekt zu arbeiten bedeutet, dass man sich als Unternehmer – und das gilt für mich ebenso wie für dich – morgens noch im Spiel anschauen kann und weiß, dass man den Menschen, die einem vertrauen, wirklich helfen kann. Sei es durch herausragende Produkte, die einen wirklichen Nutzen bringen und ihr Geld wert sind, oder durch das Aufzeigen einer Geschäftsidee, die das Leben tatsächlich verändern kann.

Wenn du ganz neu im Network bist, dann kann ich dir den Tipp geben, dich von Leuten fernzuhalten, die viel versprechen, ohne dir Beweise zu liefern. Horche in dich hinein und vertraue auf dein Gefühl. Fühlt sich das, was der andere verspricht, stimmig für dich an? Vergleiche nicht ein Unternehmen mit dem anderen. Es ist wie im Leben: Es wird immer jemanden in deinem Umfeld geben, der schöner, schlanker, erfolgreicher ist als du. Aber diese Person muss nicht dein Vorbild sein. Stärke dich selbst und werde zu einem Network Marketing Professional. Ein Network-Marketing-Profi arbeitet ethisch und moralisch korrekt. Er zeigt die Vorteile auf, ohne die Nachteile bei anderen Unternehmen oder in anderen Produkten zu suchen. Ein Network Marketing-Profi legt Fakten auf den Tisch und überlässt dem Gegenüber die Entscheidung mitzumachen oder nicht. Ein Network-Marketing-Profi arbeitet nicht mit Tricks und einer Abschlussargumentation. Ein Network-Marketing-Profi sorgt dafür, dass die Leute von sich aus bei ihm einsteigen wollen. Ein Network-Marketing-Profi erzeugt Sog und keinen Druck.

3.6. Eine eigene Meinung

In der heutigen Zeit ist es gar nicht so einfach, eine eigene Meinung zu haben und diese auch zu vertreten, denn wir werden permanent von den Medien mit Informationen versorgt und unser Umfeld beeinflusst uns außerdem. Es ist wichtig, woher man seine Informationen bezieht, und ebenso wichtig ist es, seine eigene Meinung zu vertreten und vor allem auch zu halten. So wie du dir eine eigene Meinung über die Politik oder über andere Menschen bilden kannst, so kannst – und solltest - du dir auch eine eigene Meinung über dein Network-Unternehmen und die Produkte bilden. Natürlich darfst du Kritik von anderen annehmen und die Meinung anderer anhören, doch du solltest dich nicht beeinflussen lassen. Wenn du merkst, dass du dich zu stark von außen beeinflussen lässt und mit deiner Meinung abdriftest, dann hole dich ganz schnell wieder auf den Boden der Tatsachen zurück und bleib deiner Meinung treu.

3.7. Sie kommen, um dich zu holen ...

Ein Network-Marketing-Profi erkennt sofort, wenn sie kommen ...!

Wer wird kommen?

Es sind nicht die dunklen Mächte, aber die Bedrohung ist vergleichbar ernst. Es kommen immer wieder Networker aus anderen Unternehmen, die sich in Gruppen – etwa bei Facebook – einschleichen, um Informationen abzusaugen oder die dich ganz gezielt kontaktieren, um dich in ihr eigenes Team zu holen. Sie fragen dich plump, ob du denn noch aktiv bist und ob du nicht wechseln willst, weil es woanders besser, lukrativer und einfacher ist. Leider gibt es immer wieder Networker, die auf solche Typen hereinfallen und wirklich glauben, dass in einer anderen Firma alles ganz anders ist. Und genau deshalb möchte ich dich vor diesen Machenschaften warnen. Wenn Vertriebspartner auf dich zukommen und dir versprechen, dass in ihrer Firma megahohe Provisionen verdient werden, die Produkte einzigartig auf dem Weltmarkt sind und du nur dort wirklich erfolgreich werden kannst, dann solltest du hellhörig werden. Je erfolgreicher du im Network bist, desto sichtbarer bist du für die Öffentlichkeit, und wenn dich Networker beobachten und deine Erfolge sehen, dann wollen sie genau solche Leute wie dich im eigenen Team haben, um selbst schneller voranzukommen. Wenn du mit Angeboten überhäuft wirst, dann prüfe ganz genau, was dir dort von wem versprochen wird.

Ist es in einem anderen Unternehmen wirklich besser? Wirst du in dem neuen Unternehmen wirklich schneller erfolgreich?

Natürlich wird es immer etwas anderes geben, das besser, schöner, größer ist, aber das ändert nichts an der Tatsache, dass auch in einer anderen Firma Network Marketing gearbeitet werden muss. Ich kann es nur immer wieder und wieder wiederholen: Du musst verstehen, dass ***DU*** die einzige Person bist, die dafür sorgen kann, dass du groß und erfolgreich wirst, und diese Arbeit können dir die tollsten Produkte, die besten Unternehmen und lukrativsten Karrierepläne nicht abnehmen. Wenn du immer wieder glaubst, was dir andere Networker erzählen und versprechen, dann wirst du ein Leben lang von einer Firma zur nächsten wechseln, dich wundern, weshalb du immer noch nicht erfolgreich geworden bist, und die Schuld auf die Produkte, das Unternehmen oder deinen Sponsor abwälzen. Und genau das sind dann die Networker, die anderen gegenüber sagen: ***»Network Marketing funktioniert nicht, ich habe es selbst auch schon probiert.«***

Meine Bitte lautet daher: Sei wachsam und lass dich nicht ***»holen«***. Wenn dich jemand anspricht, dann hinterfrage und schaue genau, in welchen Unternehmen diese Person bereits aktiv war.

Ich kenne die Branche und ich sehe seit über 20 Jahren, wie Networker innerhalb der Unternehmen wechseln, wie sie ihre alten Firmen schlecht machen, um jetzt den ganz großen Coup zu landen. Sie versprechen Reichtum und Erfolg, saugen gutgläubige und unerfahrene Networker aus, um dann bald wieder die nächste ganz große Chance zu ergreifen. ***»Bei uns brauchst du nur drei Kunden und verdienst schon 1.000 Euro.«*** – Die Kunden müssen ja auch nur 2.000 Euro für ein Produkt berappen oder lassen sich dann auf eine 50-Euro-Ratenzahlung die nächsten vier Jahre ein! ***»Bei uns liegt der Verdienst im ersten Monat bei 5.000 Euro«*** – ist auch ziemlich normal, wenn man 5.000 oder 10.000 Euro Erspartes in irgendwelche neuen Währungen investieren soll, und jeder der mitmacht, zahlt dieselbe Summe. Oft machen solche Führungskräfte oder Unternehmen in Branchenzeitschriften Werbung, damit dort positiv berichtet wird, und irgendwann heißt es dann in ganz kleinen Berichten: Firma oder Führungskräfte verhaftet wegen Betrug! Übrigens missbrauchen diese Menschen das Wort Network Marketing oder MLM für ihre Schnell-reich-werden-Systeme, die in keinster Weise etwas mit Network Marketing zu tun haben.

3.8. Opfer und Täter – Wer bist du?

Es gibt auf dieser Welt zwei Arten von Menschen, und das sind die Täter und die Opfer. Und damit meine ich nicht Täter und Opfer im kriminellen Sinn, sondern ich meine Menschen, die Verantwortung übernehmen (das sind die Täter) und die, die Verantwortung auf andere abwälzen (also die Opfer). Die Täter sind vom Charakter so geprägt, dass sie die Schuld (wenn es überhaupt eine gibt, denn vielmehr geht es ja um Verantwortung) bei sich suchen; die Opfer hingegen geben anderen (Leuten oder Umständen) die Schuld. Leider gibt es in dieser Welt mehr Opferstammtische als Täterstammtische, also Orte, an denen sich Leute zum Jammern, Nörgeln und Beklagen treffen, weil sie hier Gleichgesinnte finden. Täter klagen nicht. Täter hinterfragen, wenn etwas nicht geklappt hat, analysieren den Grund und ziehen positive Schlüsse aus dieser Situation, suchen nach einer Lösung und finden einen anderen Weg. Opfer hingegen geben auf und hoffen, von anderen bemitleidet zu werden. Auf Network Marketing übertragen heißt das, dass Täter genau überlegen, weshalb sich kein Erfolg einstellt und warum sie ein Nein als Antwort bekommen haben. Täter hören genau hin und bieten für das Problem des Gegenübers eine Lösung an.

Jeder sollte in der heutigen Zeit ein Täter sein, denn als Opfer gibst du einem Menschen in dem Moment die Macht, in dem du ihm Schuld zuweist.

Opfer und Täter passen nicht zusammen, denn Opfer rauben dem Täter zu viel Energie. Ein Täter wird sich nie lange mit einem Opfer aufhalten, weil er weiß, dass jemand aus der Opferrolle heraus niemals sein Leben eigenverantwortlich ändern wird. Ein Network-Marketing-Profi motiviert kein Opfer, denn dann sitzt vor ihm lediglich ein motiviertes Opfer, aber kein Täter. Ein Network-Marketing-Profi bringt andere Täter nach vorn.

Die gute Nachricht ist: Aus Opfern können Täter werden – allerdings funktioniert das nur, wenn das Opfer selbst zum Täter werden will.

Möchtest du Selbstverantwortung übernehmen und ein Täter sein? Oder möchtest du weiterhin anderen die Schuld geben, dass dein Leben nicht so ist, wie du es so gern hättest?!

3.9. Warum über 80 Prozent keinen Erfolg haben

»Wer im Network Marketing erfolgreich ist, hat sich dafür entschieden. Wer nicht erfolgreich ist, hat sich auch dafür entschieden.«

Über 80 Prozent aller Vertriebspartner in einem Network-Marketing-Unternehmen haben nachweislich so gut wie keinen Erfolg. Warum ist das so? Und vor allem: Weshalb wundern sich so viele Networker, dass sie keinen Erfolg haben, wo ihnen der Erfolg doch beim Start in das Geschäft versprochen wurde? Die Lösung liegt so nahe, doch so viele Vertriebspartner sehen sie nicht. Die über 80 Prozent derer, die nicht erfolgreich werden, tun einfach nicht die Dinge, die im Network Marketing getan werden müssen. Punkt. Und hierzu gehört nicht einfach nur die Arbeit, sondern es zählen auch Faktoren wie eine positivere Grundeinstellung und die Bereitschaft zur Persönlichkeitsentwicklung mit dazu. Es gibt Networker, die sich von morgens bis abends mit ihrem Geschäft beschäftigen, ohne wirklich das Richtige zu tun. Sie melden sich in zig Facebook-Gruppen an, schauen sich die Videos von jedem x-beliebigen Möchtegern-Coach und -Trainer an, liken Beiträge und verfolgen alles, was ihnen weiterhelfen könnte. Einige von den sogenannten Coaches bieten sogar eine Network-Ausbildung mit dem Versprechen an, dass anschließend alles besser wird. Die Ausbildung läuft über zwölf Monate, wird online angeboten und kostet auch nur 5.000 oder 10.000 Euro. Einige unerfahrene Networker fallen drauf rein, und dann entsteht plötzlich das Gerücht, im Network Marketing wird man ruiniert! Ein paar andere Coaches, die niemals zuvor annähernd Erfolge hatten, stellen sich als Retter der Branche auf, sie wollen die Branche mit ihrem Ruf verbessern. Diese Spezies von Coaches haben meistens in ihrer Kindheit zu viel Comics mit Superhelden geschaut. Sie sitzen meistens vor ihrem Laptop und an der Wand hängen ihre Superhelden, einige ziehen sogar die Kostüme ihrer Superhelden an und nennen sich sehr oft Heros oder Superheros. Das Fantastische an diesen Supercoaches, die die gesamte Branche verbessern wollen, sind meistens ihre Videos, die sogar sehr oft von den sozialen Medien gesperrt werden, da in jedem zweiten Satz Fäkalsprache vorkommt. Diese Superheros wollen gern mit den 80 Prozent der Menschen ein Geschäft machen, die im Network Marketing keinerlei Erfolg haben, und finden in denen ihre Anhänger und ihre Gefolgschaft. Es werden Seminare verkauft, zu denen dann der Supermegacoach aus den USA eingeflogen wird und alle Teilnehmer in Motivation und Trance versetzt – so dass sie anschließend Eisenstangen mit dem Hals verbiegen und über heiße Kohlen laufen. Doch nach diesen Megamegaevents, wo dir sogar ein Ticket in der ersten Reihe für ein paar hundert oder gar 1.000 Euro verkauft wurde (schließlich sagen die Obermegagurus: Investiere in dich) und ein Foto im VIP-Bereich mit allen Heros geschossen wird, bleibt alles – aber auch wirklich alles – beim Alten! Weil es keine Abkürzung gibt! Denn alles ist Theorie, und Theorie ohne Praxis funktioniert nicht. Wenn du jeden Tag die falschen Dinge tust und die richtigen Dinge lässt, dann kannst du nicht erfolgreich werden.

Ebenso werden die Menschen niemals erfolgreich, die als Network-Marketing-Hopper von einem Unternehmen in ein anderes wechseln, weil sie glauben, dass dort die Produkte noch besser sind, dass der Karriereplan noch lukrativer ist und dass sich dort mit noch weniger Arbeit noch mehr Geld verdienen lässt. Wenn du immer wieder die Unternehmen wechselst, wirst du niemals ein erfolgreicher Networker sein. Diese Erfahrungen durfte ich selbst als unerfahrener Networker erleben. Ebenso wenig wie die Networker, die zeitgleich in verschiedenen Firmen eingeschrieben sind, weil sie ihren Interessenten eine möglichst breite Produktpalette anbieten wollen. Das funktioniert nicht und macht dich noch dazu unglaubwürdig.

Und es gibt auch keinen Erfolg auf Knopfdruck. Wenn es eine E-Mail-Vorlage geben würde, die mit wenigen Klicks einfach nur an zigtausend Empfänger versendet werden müsste mit dem Resultat, dass sich Empfänger begeistert melden, um zu kaufen und ins Geschäft einzusteigen, dann bräuchte ein Unternehmen keine Vertriebspartner mehr. Denn das Unternehmen würde diese Wundermail selbst versenden. Es reicht nicht aus, sich hinter seinem Computer zu verstecken, sich zurückzulehnen und abzuwarten, bis Bestellungen bei dir eintrudeln.

Es ist egal, in welchem Network-Marketing-Unternehmen du eingeschrieben bist: Es gibt keine Abkürzung. Die Arbeit muss getan werden.

Network Marketing ist ein Geschäft von Mensch zu Mensch, und auch wenn die Technik in der heutigen Zeit eine Kontaktaufnahme enorm erleichtert und sich ganz viele Menschen online in kurzer Zeit kontaktieren lassen und Beziehungen global aufgebaut werden können, so muss die Beziehung zu einer Person gepflegt werden. Ich kann die moderne Technik für meinen Geschäftsaufbau nutzen, denn sie unterstützt meine Arbeit. Sie unterstützt, doch sie erledigt nicht die Arbeit. Nur wenn ich jeden Tag fleißig bin, effizient arbeite und die Zeit nicht mit Dingen vergeude, die mich nicht weiterbringen, dann kann ich zu den knapp 20 Prozent im Network gehören, die das Prinzip verstanden haben und die dann auch die Früchte ihrer Arbeit ernten. Und diese knapp 20 Prozent haben Erfolg.

4. Motivation
– Ausreden
– persönliche Entwicklung

»Die meisten Menschen wollen lieber durch Lob ruiniert als durch Kritik gerettet werden.«

Es ist egal, ob du dein Team schnell aufbaust oder ob es etwas länger dauert. Du hast keine Vorgaben, keinen Druck, niemanden, der dich antreibt. Du bist dein eigener Chef, Motivator, und somit gibst du dir selbst die Geschwindigkeit vor, um neue Kunden und Partner zu gewinnen. Erinnerst du dich an deine Ziele? Kennst du noch deine Wünsche und Träume, die du dir mit deiner Selbständigkeit erfüllen möchtest? Deine glasklare Zielsetzung hat dir geholfen, deine Ziele zu definieren, und an ihnen darfst du festhalten, damit du jeden Tag den Antrieb hast, den es braucht, um mit deinem neuen Geschäft kontinuierlich den Weg zum Erfolg zu gehen, zu wachsen und die nächste Stufe im Karriereplan zu erreichen.

Damit du positiv denkst, motiviert bist, am Ball bleibst und dich weiterentwickelst, gebe ich dir hier den Tritt in den Allerwertesten, den es manchmal einfach braucht. Doch ich bin nicht jeden Tag da. Daher gilt: Verinnerliche meine Worte, kenne dein unbedingtes Warum und setze um, was du gelernt hast, um zu erreichen, was du dir für deine Zukunft wünschst.

4.1. Begeisterung ist alles – positiv im positiven Sinne

Selbstmotivation ist im Network Marketing der Schlüssel zum Erfolg. Wer das Geschäft ernst nimmt, groß denkt und sich immer wieder seine Wünsche, Ziele und Träume vor Augen führt, der treibt sich täglich selbst zu Höchstleistungen an. Doch um sich immer wieder selbst zu motivieren und nicht ablenken zu lassen und vor allem nicht aufzugeben, wenn der Erfolg einmal ausbleibt, braucht es eine ganz wichtige Voraussetzung, ohne die keine Selbständigkeit und somit auch kein Network Marketing funktionieren kann: Begeisterung!

Es braucht Begeisterung, denn nur wenn du von deinen Produkten, vom Unternehmen und der Geschäftsmöglichkeit begeistert bist und diese Begeisterung an andere weitergeben kannst, dann kann Erfolg langfristig gelingen.

Wie schaffst du es, positiv im positiven Sinne zu sein?

Wie schaffst du es, dass du abends völlig kaputt ins Bett fällst und dich genau in diesem Augenblick schon wieder freust, dass du in nur wenigen Stunden wieder aufstehen und weiterarbeiten darfst? Ein ganz neuer Tag liegt vor dir und schenkt dir viele Stunden, in denen du Menschen informieren und begeistern kannst. Der neue Tag ermöglicht dir, deine eigenen Produkte zu nutzen, anderen davon zu erzählen und sie mit dieser Begeisterung anzustecken. Wer mit solchen Gedanken morgens in den Tag startet und abends zu Bett geht, schafft sich ein hohes Maß an Energie. Doch diese Energie sind die wenigsten von uns gewöhnt.

Denn wer steht schon morgens gern auf und freut sich auf seine Arbeit? Bei den meisten Angestellten ist das nicht der Fall, sie freuen sich auf den Feierabend, auf das Wochenende oder fiebern dem wohlverdienten Urlaub entgegen.

Bei Profi-Networkern ist das anders.

Profi-Networker lieben, was sie tun, und wer seine Arbeit liebt, sieht diesen Einsatz nicht als Arbeit und schon gar nicht als Belastung oder gar als Mittel zum Zweck an. Network-Profis sind begeistert von der Möglichkeit, anderen Menschen helfen zu können und ihr Leben – gesundheitlich, finanziell und ideell – verbessern zu dürfen. Wer als Networker selbst vor Begeisterung sprudelt, der kann andere mit dieser Begeisterung anstecken.

Wer also Montagmorgen die Ärmel hochkrempelt und es geil findet, dass eine neue Woche vor ihm liegt, in der der Elan aus der letzten Woche noch einmal gesteigert werden kann, der denkt wie ein Profi – und denkt damit richtig.

Könntest du heute Bäume ausreißen?
Bist du heute nicht aufzuhalten?

Steckst du Menschen mit deiner Begeisterung an?

Und wie schnell steckst du die Menschen mit deiner Begeisterung an? Wenn du deine Power duplizierst, dann dupliziert sich auch dein Erfolg. Das ist Network Marketing, der eine steckt den anderen an und zusammen wächst ein Team.

Wenn du diese Energie jeden Tag haben willst, dann musst du dich für diese Energie entscheiden. Schau in den Spiegel. Siehst du die Energie, die in dir steckt? Und natürlich darfst du im Leben auch einmal negativ, traurig oder frustriert sein, aber wenn deine positive Denkweise überwiegt und du eine positive Grundhaltung hast, dann wirst du immer die Energie haben, um schlechte Zeiten positiv im positiven Sinne zu drehen.

Die Gedanken, die du dir morgens beim Aufwachen selbst in deinen Kopf einpflanzt, sind entscheidend, wie sich dein Tag gestaltet.

Lässt du dich vom Lärm der Nachbarn ablenken, vom Regenwetter herunterziehen oder von den drei Neins gestern demotivieren? Natürlich nicht, denn vor dir liegt ein neuer Tag und es liegt an dir, diesen Tag mit einem guten Gefühl zu starten. Wie programmierst du dich? Bist du positiv im positiven Sinne?

Wenn du positiv im positiven Sinne bist, dann ziehst du Menschen an, die ebenfalls positiv sind. Wie positiv ist dein Umfeld? Wie positiv ist deine Familie? Gibt es immer noch negativ denkende Menschen um dich herum, die dir Energie rauben, deine positiven Gedanken vergiften und vielleicht sogar deine Begeisterung schwächen? Oder bestätigen sie deine Träume und Ziele, erkennen deine Veränderung und motivieren dich sogar? Wenn du deine eigene Energie mit der Power deines positiv denkenden Umfelds addierst, dann führt dein Weg steil nach oben.

Mein Leben ist auch nicht immer glatt verlaufen, und so wird es auch bei dir immer wieder Situationen geben, die dich vor große Herausforderungen stellen. Doch wenn du positiv im positiven Sinne bist, dann meisterst du jede Situation und steckst die anderen mit deiner positiven

Einstellung und deiner Begeisterung an. Wenn ich jeden Tag sehe, welche Leistung Führungskräfte positiv im positiven Sinne erbringen, dann macht mich das glücklich und stolz und ich schlafe abends mit dem guten Gefühl ein, dass morgen wieder ein Tag kommen wird, an dem ich anderen Menschen zu einem schöneren Leben verhelfen kann.

Wer positiv denkt, aktiv ist und andere Menschen begeistert, wird ein Gewinner sein, zur Führungskraft werden und sein Leben um 180 Grad drehen.

Damit dich negative Menschen meiden, sei einfach immer gut gelaunt!

Unser Business besteht zu 80 Prozent aus Begeisterung und nur zu 20 Prozent aus Wissen. Die Begeisterung verschafft dir Erfolg, und Erfolg ist unglaublich schön und erstrebenswert auf allen Ebenen.

Es ist schön, erfolgreich Gewicht zu reduzieren.

Es ist schön, erfolgreich Umsätze zu erzielen.

Es ist schön, erfolgreich mit dem verdienten Geld umzugehen.

Es ist schön, erfolgreich die Erziehung der Kinder zu meistern.

Es ist schön, erfolgreich als Ehefrau oder Ehemann in einer Partnerschaft zu leben.

Das alles ist Erfolg, und Erfolg kommt durch Begeisterung.

4.2. Nur EINMAL 30 Tage

»Veränderung kann schmerzhaft sein, aber nichts schmerzt auf Dauer mehr, als dort zu bleiben, wo du nicht hingehörst.«

Dieses Buch liefert dir auf deinem Weg zum Network-Marketing-Profi nicht nur Information, sondern auch Motivation. Ich weiß, dass es unglaublich schwer ist, sich aus alten Gewohnheiten zu befreien, eingefahrene Muster aufzulösen, anders zu denken und anders zu handeln, denn es braucht den Wunsch, den Willen und die Disziplin. Doch wer es schafft, diese Disziplin aufzubringen, der wird belohnt und sein ganzes Leben kann sich verändern.

Ich habe bisher niemanden kennengelernt, der etwas tatsächlich 30 Tage lang durchgezogen hat und nicht langfristig eine positive Veränderung in seinem Leben erlebt hat – und das beruflich gesehen, gesundheitlich, in der Beziehung oder in seiner Karriere. Niemanden!

Doch ich habe viele Menschen getroffen, die ein Talent besitzen und eine Woche lang etwas euphorisch durchgezogen haben, etwas zwei Wochen lang geschafft haben ... aber dann wieder in alte Muster zurückgefallen sind, weil sie nicht 30 Tage lang durchziehen konnten. Und täglich grüßt das Murmeltier. Das Leben dieser Personen hat sich nicht nachhaltig verändert.

Wer allerdings die Disziplin aufbringt und wirklich 30 Tage lang an seinem Vorhaben festhält, der wird zwangsläufig Resultate erleben. Und das gilt für den Sport, für die Ernährungsumstellung, für den Aufbau des Network-Marketing-Geschäfts.

Daher lautet mein unbedingter Tipp:

Zieh dein Vorhaben 30 Tage lang durch – egal, was kommt!

Es geht bei den 30 Tagen nicht darum, ob du etwas kannst oder sollst oder willst, sondern es geht darum, dass du etwas MUSST! Du musst einmal im Leben deinen Tag 1 festlegen und dieser Tag ist der Startschuss für deine persönliche Erfolgschallenge. Du ziehst deinen Plan 30 Tage lang durch, und zwar ohne Ausreden, ohne Schwäche, ohne vorher aufzugeben und ohne Selbstbetrug. Und ich meine hier nicht 27, 28 oder 29 Tage, sondern ich spreche von 30 Tagen.

Wenn du dir etwas Neues angewöhnen oder etwas Altes abgewöhnen möchtest, dann braucht es 30 Tage, um die Veränderung im Unterbewusstsein abzuspeichern. Wenn du allerdings immer wieder nach sieben Tagen, nach zehn Tagen oder zwei Wochen aufhörst und in deine alten Muster verfällst, dann bedeutet das in der Konsequenz, dass du jedes Mal wieder bei 0 starten musst, damit die Veränderung gelingt. Es braucht diese magische Zahl 30, damit aus einer neuen Handlung eine Gewohnheit wird, aus der dann die Routine folgt. Erinnere dich an das Beispiel mit dem Führerschein. Wenn eine neue Tätigkeit immer wieder wiederholt wird, dann prägt sie sich im Gehirn ein und geht in Fleisch und Blut über. Du solltest daher nicht jeden Tag, an jedem Montag, an jedem ersten Tag eines neuen Monats neu starten, sondern du solltest einmal im Leben starten und 30 Tage lang durchziehen.

Die 30-Tage-Regel funktioniert immer, und so kannst du dir in 30 Tagen eine schlechte Angewohnheit abgewöhnen oder eine gute Gewohnheit angewöhnen. Wenn ich 30 Tage lang etwas unterlasse (Alkohol trinken,

Süßigkeiten essen ...), dann wird das ebenso zur Gewohnheit wie wenn ich 30 Tage lang etwas tue (spazieren gehen, mich gesund ernähren oder Menschen über mein Geschäft informieren).

Natürlich sind diese 30 Tage nicht immer mit Freude verbunden, auch der Schmerz gehört dazu. Wenn du aber am Ende dieser 30 Tage angelangt bist, dann darfst du dir selbst auf die Schulter klopfen und kannst dir stolz sagen, dass du etwas wirklich durchgezogen hast, was zu einer Veränderung geführt hat. Und wenn du diese 30 Tage geschafft hast, dann weißt du auch, dass du immer wieder 30 Tage schaffen kannst. Du kannst dir schlechte Angewohnheiten abgewöhnen und gute Gewohnheiten angewöhnen. Und das wiederum zeigt dir, dass du alles in deinem Leben erreichen kannst.

4.3. Ersetze ICH SOLLTE durch ICH MUSS

Mit deinem Network-Marketing-Business hast du ein eigenes Geschäft, du bist selbständig und bist dein eigener Chef. Das macht es leicht, frei zu entscheiden und zu handeln, aber es braucht auch eine große Portion Selbstdisziplin und Eigenmotivation. Es hängt daher von dir ab, in welchem Gedankenmodus du dich befindest. Bist du noch im ICH-SOLLTE-Denken verankert oder ist deine Denkweise schon ICH MUSS? Wer in dieser Branche einfach nur dabei sein möchte, der darf weitermachen wie bisher. Wer aber ein erfolgreicher Network-Profi sein will, braucht einen Gedankenaustausch.

Aus ***ICH SOLLTE*** mal ...

- gesünder essen
- regelmäßig Sport treiben
- mehr Zeit mit meinem Partner/meiner Familie verbringen
- über meine Zukunft nachdenken
- zum Telefon greifen

... wird ***ICH MUSS*** ...

- meinem Partner sagen, dass ich ihn liebe
- auf Süßigkeiten verzichten
- mein Handeln verändern
- jeden Tag meine Business-Anrufe tätigen und Menschen informieren
- meine To-do-Liste abarbeiten
- neue Partner in meinem Team registrieren, um die nächste Stufe im Karriereplan zu erreichen
- die Tipps aus diesem Buch annehmen und umsetzen

Der Schlüssel zur Selbstdisziplin ist der Gedankenaustausch. Wenn aus ***ICH SOLLTE*** endlich ein ***ICH MUSS*** wird, dann lassen sich alle Ziele erreichen.

Kontrolliere daher ab sofort deine Gedanken und achte darauf, dass sich nie wieder ein ***ICH SOLLTE*** einschleicht.

4.4. Du begrenzt dich nur selbst

Ich würde gern …
Hätte ich mal …
Ich weiß nicht, ob …
Ich bin mir nicht sicher …
Soll ich …
Vielleicht könnte ich …
Ich habe Angst …

Wovor hast du Angst? Was lässt dich zweifeln? Wieso bist du unsicher? Oder bist du einfach zu bequem? Es gibt keinen Grund, es gibt nur Ausreden. Wer bisher erfolgreicher war als du, der bringt nicht mehr Talent mit, er ist nicht schöner oder schlauer und muss auch nicht erfahrener sein. Er hat auch nur zwei Arme, zwei Beine und sein Tag hat 24 Stunden wie deiner. Was also unterscheidet dich von einem erfolgreichen Networker? Ist es die Disziplin? Oder denkst du einfach nicht groß genug? Vielleicht ist es der gesunde Ehrgeiz, den der andere hat und der dir fehlt? Vielleicht begrenzt du dich einfach nur selbst. Aber wieso ist das so?

Du weißt doch, dass deine Aufgabe zum Aufbau deines Teams die Weitergabe an Informationen ist. Du weißt auch, dass für zehn neue Partner nicht nur zehn Menschen angesprochen werden müssen, da nicht jeder spontan begeistert zusagt und bei dir einsteigt. Es braucht manchmal 20 oder 30 oder 40 Gespräche, um neue Partner zu gewinnen. Aber die Möglichkeit ist da, und das weißt du, und somit sind Blockaden, Hürden, Ängste und Zweifel hier völlig fehl am Platz, diese existieren nur in deinem Kopf.

Ich kenne die Argumente der Anfänger, die sagen, dass sich meine Tipps in der Theorie so gut anhören, dass sie in der Praxis aber nicht so einfach umzusetzen sind. Doch, es ist so einfach. Ich sage nicht, dass es einfach ist, ein starkes Vertriebsteam aufzubauen, aber es ist einfach, die Menschen da draußen zu informieren. Begeisterung und Informationen können ganz einfach weitergegeben werden. Und natürlich ist es nicht einfach, ein Nein auf eine Geschäftspräsentation zu bekommen, entscheidend ist aber, wie du mit der Ablehnung umgehst, und wichtig ist, dass du dich von einem Nein nicht aufhalten lässt. Solange zu deinem Wortschatz noch die Wörter ***ABER*** und ***SCHWIERIG*** und ***VIELLEICHT*** gehören, setzt du dir unbewusst Grenzen und genau diese Grenzen hindern dich am Erfolg. Erfolgreiche Networker reagieren nicht komisch auf Ablehnung und nehmen ein Nein nicht persönlich. Sie lassen sich von Kritik nicht begrenzen, sondern sie wachsen an jeder neuen Herausforderung.

Ich persönlich wende keine Energie für Dinge auf, die ich selbst nicht ändern kann. Ich gebe aber meine Energie für etwas, dass ich selbst verändern kann, und hier gebe ich 100 Prozent – und oftmals gehe ich sogar darüber hinaus. Es lohnt sich, die Energie aufzubringen, seine Grenzen niederzureißen und seinem Ziel zu folgen.

Es gibt drei Arten von Menschen, die im Network Marketing erfolgreich werden wollen:

Die Ersten nehmen sich etwas vor, setzen es aber nicht um.

Die Zweiten fangen an, bleiben aber nicht am Ball.

Die Dritten starten und ziehen durch.

Es braucht nicht viel, um zu erkennen, dass nur die letzten Networker wirklich auch erfolgreich werden. Zu welcher Sorte willst du gehören? Es lohnt sich, einmal im Leben aus der Komfortzone zu kommen, seine Ängste zu überwinden und die blockierenden Wörter ABER, SCHWIERIG und VIELLEICHT ein für allemal aus dem Kopf zu streichen. Es lohnt sich, für ein Leben in Freiheit aktiv zu werden. Gerade jetzt, in einer wirtschaftlich unsicheren Zeit, hat sich Network Marketing für so viele Menschen als wirkliche Alternative, als Rettungsanker und als Perspektive erwiesen. Und genau jetzt begrenzt du dich selbst? Wenn du ein stinknormales Leben führen willst, um als Marionette von anderen geführt zu werden, dann ist Network Marketing nicht das richtige Geschäftsmodell für dich. Wenn du dich aber von der Masse abheben willst und ein selbstbestimmtes Leben anstrebst, dann sagt dir genau jetzt dein Bauchgefühl, dass du dich richtig entschieden hast.

Ich akzeptiere Networker, die keine großen Ziele haben und mit einem kleinen Nebenverdienst zufrieden sind, aber ich verstehe Networker nicht, die durchstarten und erfolgreich werden wollen, dann aber immer wieder neue Ausreden haben, warum sie nicht tun, was getan werden muss. Um den Erfolg zu erleben, muss ich eben Dinge tun, die die Masse nicht tut, nur dann werde ich auch ein Leben führen können, das die Masse nicht führen kann. Nämlich: ein Leben in Freiheit, und diese Freiheit steht für Zeit, Geld und eine sichere Zukunft. In dieser Gesellschaft regiert nun einmal Geld die Welt. Und wenn du genug Geld hast, weil du dir durch dein eigenes Geschäft ein überdurchschnittliches Einkommen aufgebaut hast, dann kann dir das Geld einige Sorgen nehmen. Network Marketing ist ein Privileg, doch um dieses Privileg zu bekommen, musst du aufstehen, deinen Hintern bewegen, das Telefon in die Hand nehmen und informieren – und zwar jeden Tag. Die Chance, Vollgas geben zu können, bietet sich dir genau jetzt.

Natürlich sind die Inhalte in diesem Buch reine Theorie, aber es hat sich zig Mal gezeigt, dass all das auch in der Praxis funktioniert – sofern du dich nicht selbst begrenzt. Du bist herzlich eingeladen, groß zu denken!

4.5. Was denken die anderen? Die nackte Wahrheit!

So viele Networker wollen den Erfolg, bleiben dann aber oftmals an Hürden hängen, die sie ihrer Ansicht nach nicht überwinden können. Die Zeit ist ein Problem, denn schließlich fallen neben dem Hauptjob noch der Haushalt und die Verpflichtungen innerhalb der Familie an. Es müssen Termine – Arzt, Friseur, Behördengänge – vereinbart werden, und letztlich soll am Ende des Tages auch noch der Freizeitspaß gelebt werden. Wo kann da noch eine Selbständigkeit eingebaut werden? Wenn dir dein Geschäft wirklich wichtig ist und du deine Wünsche, Träume und Ziele erreichen möchtest, dann musst du den Fokus auf deinen Geschäftsaufbau richten. Ich habe es schon einmal gesagt: Es gibt so viele erfolgreiche Networker, die einen trubeligen Alltag zu bewältigen haben, die ihre Familie versorgen, einem Hauptjob nachgehen und dennoch erfolgreich als Networker ein Team aufgebaut haben und ihre Partner betreuen.

Oder gehörst du zu den Networkern, die sich irgendwie gehemmt fühlen, wenn sie Leute anrufen sollen, um ihnen von ihrem Geschäft zu erzählen? Machst du dir Gedanken darüber, was andere über dich denken? Fragst du dich wirklich: Was sollen die von mir denken? Denken die, dass ich ihnen etwas verkaufen möchte? Denken sie, dass ich auf Kundenfang bin? Dass ich Leute anrufe, um sie ins Geschäft zu holen, um an ihnen zu verdienen? Kommst du dir da komisch vor?

Genau hier liegt dein Denkfehler. Erstens weißt du nicht, was die anderen denken, und zweitens kann es dir ganz egal sein. Wichtig ist einzig und allein, was du denkst, was du willst und wie du handelst.

Wenn du dir einmal die Situation vorstellst, dass du von einem Tag auf den anderen kein Einkommen mehr hättest, alles Geld wäre von deinen Bankkonten verschwunden, du hättest keine Bargeldreserve unter dem Kopfkissen liegen und niemand leiht dir Geld. Du bist komplett auf dich allein gestellt und du musst eine Lösung finden, um die Miete zu bezahlen und um für dich und deine Familie Lebensmittel einkaufen zu können. Die einzige Möglichkeit, wie du jetzt noch an Geld kommen kannst, ist der Aufbau deines Network-Marketing-Geschäfts. Eine andere Einnahmequelle gibt es nicht. Du bekommst zwei Euro für jede Person, die du anrufst und über dein Geschäft informierst.

Ich frage dich ganz direkt:

Wie viele Telefonate hättest du gestern geführt?

Wie viele Telefonate würdest du heute führen?

Wie viele Telefonate würdest du morgen führen?

Wie viele Menschen hättest du auf deine Kontakteliste geschrieben, die ***DICH*** kennen, um sie anrufen zu können?

Würdest du überlegen, damit dir noch mehr Personen einfallen, die ***DICH*** kennen?

Wie aktiv wärest du, wenn dein Geld weg wäre und du könntest nur durch den Aufbau eines Teams Geld verdienen?

Würdest du in diesem Moment überlegen, was die Person am anderen Ende der Leitung denkt, wenn dein Kühlschrank leer ist, deine Kinder Hunger haben, dein Vermieter sein Geld fordert und du dein Auto nicht volltanken kannst?

Ich weiß, dass deine Antwort NEIN lautet.

In dieser Situation hättest du keine Ausreden mehr gehabt. Du hättest nicht gesagt, dass dir die Zeit fehlt, dass du dich erst noch strukturieren musst, dass du noch weitere Informationen brauchst und noch ein Buch lesen, ein Video schauen oder ein Seminar besuchen musst. Du hättest dich nicht gefragt, was die anderen wohl denken könnten, denn du hättest Geld verdienen müssen!

Du hättest telefoniert, um für dich und deine Familie Nahrung zu verdienen.

Die Menschheit ist so gepolt, dass sie immer Schmerzen vermeiden oder Freude erleben will. Einen anderen Antrieb gibt es nicht. Diese beiden Emotionen lösen aus, ob wir etwas tun oder nicht. Wir wollen allem, was Schmerzen bereitet, aus dem Weg gehen und wollen am liebsten nur tun, was Freude macht. Und dennoch tun es die Menschen nicht. Und genau das ist der Grund, weshalb so viele gefrustete Arbeitnehmer jahrelang in einem Job verharren, der sie nicht glücklich macht, wo sie vom Chef gedemütigt werden und die Kollegen hassen. Dieser Job macht ihnen keineswegs Freude. Dennoch wird dieser unliebsame Job nicht gekündigt, denn der Schmerz, der damit verbunden ist, den Weg der Veränderung zu gehen, wiegt noch viel, viel größer. Und so arbeiten und leben sie unglücklich und merken so oft gar nicht, wie schnell die Jahre vergehen und wie eingefahren doch alles geworden ist. Oder sie merken es, sind frustriert, ändern aber dennoch nichts.

Solange du deine Selbständigkeit nicht wie ein Unternehmer siehst, der sich dem Erfolg verpflichtet hat (weil er vielleicht eine halbe Million Euro in sein Unternehmen investiert hat und tätig werden muss), bist du wie all die anderen, die täglich ihrem Trott nachgehen, sich vor Veränderung scheuen, um den Schmerz zu vermeiden.

Der Erfolg im Network Marketing hängt von der Größe und der Aktivität des Teams ab und ein großes Team gestaltet sich nur durch Duplikation. Und Duplikation kann nur erzielt werden, wenn Kontaktgespräche geführt werden. Und für die Kontaktgespräche muss nun einmal telefoniert werden. Du kannst den Schmerz nicht vermeiden. Du wirst anrufen müssen! Wenn du über deinen Schatten gesprungen bist und einmal den ersten Schritt gemacht hast und erlebst, dass es funktioniert, dann weißt du, dass du diesen Erfolg ein weiteres Mal haben kannst. Nach dem zweiten Erfolg folgt der dritte und der vierte und du wirst besser und souveräner. Und du denkst nicht mehr darüber nach, was andere über dich denken könnten.

Erinnerst du dich an deine Schulzeit, als du vor der Klasse vorlesen musstest? Gehörtest du zu den coolen Schülern, die locker den Text vorgetragen haben, oder hattest du Angst und hast dich verhaspelt, bist sogar rot geworden? Eine schlimme Situation, aber der Lehrer hat dich gezwungen. Und vielleicht hast du gemerkt, dass das Vorlesen beim zweiten oder dritten Mal viel besser geklappt hat und dass du lockerer geworden bist?! Als ich vor 24 Jahren das erste Mal auf der Bühne stand und für meine Leistung geehrt wurde, da habe ich gestottert, als ich nach meinem Namen gefragt wurde. Aber ich musste antworten. Und heute? Heute bin ich auch aufgeregt, wenn ich vor vielen Leute reden muss, aber ich habe Übung, ich bin cool, denn ich habe mich getraut, und es ist mir egal, ob es jemand komisch findet, wenn ich mich verspreche. Und da haben wir es wieder: Übung macht den Meister und aus jeder Gewohnheit wird Routine.

Je mehr du telefonierst, desto lockerer wirst du Gespräche führen. Es gibt im Network Marketing keinen Lehrer, der dich zwingt, und es gibt auch niemanden, der dir bei der Arbeit zuschaut und dich kritisiert. Aber es gibt mich und ich bin die Person, die dich motiviert. Und ich kann dir sagen, dass es komplett egal ist, was andere über dich denken, denn das sind ihre Gedanken und nicht deine. Du weißt doch gar nicht, ob sie überhaupt denken ;-)!

Mir persönlich ist es komplett egal, was andere Leute über mich denken. Wundern sie sich, dass ich meine Haare nicht frisiert habe? Stört es sie, dass ich mich nicht immer perfekt ausdrücke, dass ich 30 Tage lang die gleiche Jacke anhabe? Das ist mir egal. Ich mache mir keine Gedanken darüber, was andere über mich denken. Solange andere über mich nachdenken, stehe ich im Fokus ihrer Gedanken. Jeder Superstar wünscht sich genau das! Dass andere über ihn reden, nachdenken, seine Aktivitäten verfolgen, das hebt seinen Marktwert. Oder weshalb glaubst du, machen Prominente mit Skandalen auf sich aufmerksam?

Wenn jemand über mich denkt, dass ich etwas an ihm verdienen möchte, dann ist mir das egal. Auch kann er ruhig denken, dass ich ihm etwas verkaufen will. Soll er doch denken, was er will. Das ist mir egal. Entscheidend ist, was ich über mich denke. Und ich denke über mich, dass ich Menschen helfe, ihr Leben nachhaltig zu verbessern.

Networker scheitern nicht, weil sie nicht wissen, wie es geht. Networker scheitern auch nicht, weil sie Angst vor dem Telefon haben. Die Person kann dir durch das Telefon nichts antun. Networker scheitern, weil der Schmerz nicht groß genug ist, um endlich ins ***TUN*** zu kommen. Das ist die nackte Wahrheit.

In Teilen Afrikas gehen die Frauen kilometerweit, um an eine Wasserstelle zu gelangen. Reise nach Afrika und sage einem Einwohner, dass du ihm eine Möglichkeit aufzeigst, wie er jeden Tag Nahrung und Wasser für sich und seine Familien verdienen kann. Er muss nur in jedes Dorf gehen und den Einwohnern dort davon erzählen ... Glaubst du, er würde das tun? Natürlich würde er es tun! Die Flüchtlinge in den Kriegsgebieten denken nicht darüber nach, dass ein Weg zu lang und zu beschwerlich sein könnte. Sie gehen einfach los, kehren ihrem Heimatland den Rücken, um sich in Sicherheit zu bringen. Sie haben keine Ausreden, denn sie haben keine Wahl. Eine Boutiquebesitzerin, die zigtausend Euro in Ware investiert hat, versteckt sich nicht hinter einem Kleiderständer, wenn ein Kunde den Laden betritt. Sie spricht ihn an, weil sie es muss. Diese Menschen verspüren den Schmerz, wenn sie es nicht tun. Im Network Marketing denken leider zu viele Leute, dass sie Schmerzen spüren, wenn sie etwas tun.

Und genau das ist der Grund, weshalb die einen Networker Erfolg haben und die anderen nicht. Die erfolgreichen Networker sind Macher und die erfolglosen Networker haben Ausreden, noch zu viel Geld im Portemonnaie oder der Schmerz, etwas verändern zu wollen (oder zu müssen), ist einfach (noch) nicht groß genug.

Wenn du wirklich willst, dann musst du kämpfen.

Zeit einplanen, telefonieren, Leute informieren, denn sonst tut es ein anderer. Du musst neue Namen auf deiner Kontakteliste notieren, Neins von deiner Liste abstreichen, dein Freizeitvergnügen hinter dein Business stellen, deine eigene Meinung haben, vertreten und verteidigen. Es ist egal, was die anderen denken, denn es ist dein ganz großer Traum, der erreicht werden will. Du brauchst kein Talent, du brauchst Aktivität. Wenn du deinen Schmerz in Freude umwandeln willst, dann erinnere dich an dein Ziel.

Du hast die Verantwortung für dein Leben und diese Verantwortung kann dir keiner abnehmen. Hast du schon einmal schwere Zeiten erlebt? Kennst du das Gefühl, ganz allein auf dich gestellt zu sein? Bist du enttäuscht worden? Wurde deine Hoffnung zerstört? Hast du gemerkt, dass aus der Not heraus du dir nur selbst helfen kannst? Es sollte dich daher nicht interessieren, was andere Menschen über dich denken.

Du bist der wichtigste Mensch in deinem Leben und es zählt nur, was du über dich denkst.

Meine Wahrheit ist brutal und ich setze noch einen drauf:

Ab morgen kaufst du nur noch von dem Geld ein, das du mit deinem Network-Geschäft verdient hast. Was kannst du dir leisten? Reicht das Geld für eine Mahlzeit? Wirst du dich jetzt wieder in die Hose machen, weil du nicht telefonieren willst? Oder ***RUFST DU ENDLICH JEMANDEN AN*** und informierst ihn?

Was denkst du über dich? Also ich denke positiv über mich.

4.6. Die anderen sind schuld

Schuld sind immer die anderen! Kennst du das? Kennst du Menschen, die die Schuld immer bei anderen suchen, oder gehörst du selbst sogar dazu und schiebst es auf das Fehlverhalten anderer Personen, nur weil bei dir etwas nicht so geklappt hat, wie du es dir gewünscht hast? Es gibt sogar Menschen, die geben nicht nur anderen die Schuld, sondern sie machen sogar einen Tag dafür verantwortlich, wenn etwas misslingt oder ein Unglück geschieht. Ich meine damit die Prophezeiungen für Freitag, den 13. Wie oft bist du schon an einem Freitag, den 13., aufgewacht und hattest Angst, dass etwas Schlimmes passiert? Wer mit dieser Einstellung in den Tag startet, braucht sich gar nicht zu wundern, wenn am Freitag, dem 13., etwas passiert. Wünsche, die wir beim Universum mit fester Überzeugung bestellen, werden in Erfüllung gehen.

Wenn du an diesem Tag also Unglück erwartest, dann wird dir das Universum Unglück senden.

Wenn ich die Schuld von mir weise und auf andere abwälze (wir hatten das Thema bereits: das Wetter, die Umstände, mein Partner, die Familie, die Politik ...), dann gestalte ich mir ein perfektes Gerüst aus Ausreden, doch ich belüge mich damit quasi selbst. Die äußeren Umstände lassen sich nicht immer verändern, aber du kannst deine Denkweise und deine persönliche Reaktion auf diese Umstände verändern. Du weißt bereits, dass du als Network-Profi Eigenverantwortung übernehmen und niemals die Schuld bei anderen Leuten suchen solltest. Selbstverantwortung ist nicht nur im Network Marketing und in deiner damit einhergehenden Selbständigkeit von großer Bedeutung, sondern sie hilft dir auch im Alltag. Zur Selbstverantwortung gehört immer auch Selbstkritik. Wer selbstkritisch durchs Leben geht, wird viel mehr Gelassenheit gewinnen, und diese Gelassenheit gibt dir ein gutes Gefühl, wenn du an einem Tag mal keinen Erfolg hast. Und bei diesem Tag ist es egal, ob es ein Freitag, der 13., oder ein Sonntag, der 17. ,oder welcher Tag auch immer ist. Mit Gelassenheit reagierst du souveräner auf Dinge, die um dich herum passieren. Gelassenheit und eine positive Denkweise helfen dir in schwierigen Situationen. Wenn du dir eine positive Denkweise antrainierst, dann weißt du, dass du neue Partner für dein Team gewinnen wirst, und wenn das einmal nicht klappt, dann streichst du ein Nein von deiner Liste mit Neins und machst weiter – ohne die Schuld bei anderen zu suchen.

Was du denkst, wird wahr. Worauf du dich konzentrierst und fokussierst, wird zu deiner Realität. Das Universum liefert deinen Wunsch vielleicht nicht sofort und manchmal braucht es etwas Geduld, doch nicht ohne Grund heißt es: Wünsche (Gedanken) werden wahr.

Wenn du dich auf den Erfolg fokussierst, wird Erfolg kommen. Wenn du der Beste sein möchtest, musst du bereit sein, dein Bestes zu geben. Wenn du dich allerdings auf Negatives konzentrierst, dann wirst du überall Negatives finden: im Job, in deinem Umfeld, in den Nachrichten. Und wenn du aus vermeintlichen Kleinigkeiten große Dramen entwickelst, dann bist du schnell in einer Gedankenspirale, die dich negativ denken lässt und die dich dazu veranlasst, immer wieder anderen die Schuld zu geben.

Positives Denken lässt sich lernen und so möchte ich dir mit den nachfolgenden Aussagen eine Portion Motivation mit auf den Weg geben.

– Freitag, der 13., ist ein Freitag, der dir 24 Stunden Zeit liefert, die du sinnvoll einsetzen kannst. Freue dich daher auf den nächsten Freitag und mache den nächsten Freitag, den 13., zu deinem ganz persönlichen Glückstag.

– Negative Nachrichten lassen sich besser verkaufen als gute News. Davon lebt die Medienlandschaft. Doch es geschieht nicht nur Unglück in dieser Welt. Ab sofort lässt du dich nicht mehr von negativen Meldungen beeinflussen und so darf der Fernseher gern auch ausgeschaltet bleiben.

– Wer aus einer Mücke einen Elefanten macht, macht sich selbst das Leben schwer. Anstatt sich über den Hundehaufen auf dem Gehweg zu ärgern, solltest du dich lieber über die Blumen am Wegesrand freuen.

– Du ziehst an, was du denkst. Denkst du: Ich werde heute sicherlich wieder Misserfolg haben, dann wirst du Misserfolg haben. Denkst du stattdessen, dass heute ein toller Tag werden wird, dann wird dieser Tag toll und von Erfolg gekrönt sein – und letztlich gehört auch ein Misserfolg zum Erfolg. Deine Gedanken schaffen Realität. Fokussiere dich auf deine Ziele, also auf das, was du HEUTE erreichen willst, und nicht auf das, was du nicht erreichen willst.

– Bedenke immer: Du lebst in Eigenverantwortung und gibst niemals anderen die Schuld für das, was in deinem Leben geschieht.

4.7. Tacheles

Die Wahrheit ist oft unbequem, doch nur mit der Wahrheit kommst du im Leben und in deiner Selbständigkeit voran. Wie häufig habe ich auf den letzten Seiten den Finger tief in deine Wunde gelegt? Wie oft habe ich dich bei deinen Ausreden ertappt, und wie oft hast du mich beim Lesen des Buches schon verflucht, weil ich so direkt mit dir bin? Wolltest du das Buch schon beiseitelegen, weil ich Tacheles gesprochen habe? Schön, dass du es nicht zur Seite gelegt hast, sondern dabeigeblieben bist, denn das zeigt mir, dass du deinen Start im Network Marketing ernst nimmst, und das zeigt mir auch, dass du deine Zukunft selbstverantwortlich gestalten willst. Ich bin für meine direkte Art bekannt und vielleicht kann ich deine Denkweise mit dem nachfolgenden Beispiel beeinflussen.

Ein Arbeiter in der Fabrik soll fünf Paletten mit Kartons bis zum Feierabend in die Regale einräumen. Das ist die Vorgabe vom Chef. Er ist angestellt und tauscht somit Zeit gegen Geld. Schafft er es nicht, bis die Glocke zum Feierabend ertönt, muss er Zeit dranhängen. Leider werden seine Überstunden nicht bezahlt. Ein Dienstleister bekommt für das Einräumen der Kartons einen Festbetrag. Erledigt der Dienstleister das Einräumen schneller als in der vereinbarten Zeit, hat er Zeit gewonnen. Schafft er es nicht, zahlt er drauf. Arbeiter und Dienstleister sind von den Vorgaben einer dritten Person abhängig und tauschen Zeit gegen Geld. Im Network Marketing ist das nicht so. Hier machst du dir allein deine Vorgaben. Du setzt dir die Zeit selbst und du gibst dir deine Aufgaben vor. Nur wenn du Arbeit hast, kannst du Geld verdienen. Es wird dir niemand am Ende des Monats Geld auf dein Konto überweisen, denn du hast keinen Arbeitsvertrag. Im Network Marketing kommt das Geld nicht von allein, es kommt nur, wenn du dir selbst deine Aufgaben zuweist. Und wie weist du dir deine Aufgaben zu? Die Antwort ist klar: Indem du deine Tagesziele anvisierst und die Arbeit erledigst, die es braucht, damit diese Ziele als erledigt abgehakt werden können. Wenn dein Tagesziel ist, eine Person für dein Geschäft zu gewinnen, dann besteht deine Aufgabe darin, so viele Personen anzurufen, damit sich ein neuer Parner in deinem Team registriert. Wann du deine Arbeit erledigst, bleibt dir überlassen, doch sie muss erledigt werden, denn vorher hast du keinen Feierabend. Arbeiter und Dienstleister räumen so lange die Kartons in die Regale ein, bis die fünf Paletten leer sind. Hast du bis zum Mittag einen neuen Partner registriert, dann hast du dein Ziel erreicht und hast frei. Oder aber du verdoppelst dein Ziel und somit deine Arbeitsleistung und arbeitest so lange, bis du zwei neue Partner gewonnen hast. Tagesziele setzen, Aufgaben festlegen, abarbeiten, Ziele erreichen: Das ist, was du als Network-Unternehmer tun musst. Das ist deine Selbstverantwortung. Wie und wann du arbeitest, entscheidest du selbst; dass gearbeitet werden muss, wenn du Geld verdienen willst, das schreibt das Geschäftsmodell vor.

Deine Tagesziele bestimmen deine Aufgaben, und deine Aufgaben definieren deine Arbeit. Und die Arbeit eines Networkers besteht nun einmal zu 80 Prozent darin, neue Partner für sein Team zu gewinnen. Die restlichen 20 Prozent sind die Pflege und Betreuung der AKTIVEN Partner im Team.

Wenn du deine Ziele kennst und deine Aufgaben definiert hast, dann liegt es an dir, wie schnell du deine Arbeit erledigst. Lässt du dich ablenken oder führst du kurze informative Gespräche, die dich schnell weiterbringen? Schnelligkeit, gepaart mit Fleiß, bringt dich ans Ziel. Und umso länger du diese Vorgehensweise beibehältst, umso erfolgreicher bist du. Ist doch logisch, oder?! Networker, die zwei bis drei Jahre so arbeiten, bauen sich ein großes Team auf. Und wer die gleiche Arbeit einfach nur häufiger tut, wird größere Erfolge erzielen.

Wer nicht bereit ist, so zu denken und zu arbeiten, ist kein Unternehmer, sondern ein Unterlasser. Und Unterlasser können auch in ihrem herkömmlichen Beruf bleiben und Zeit gegen Geld tauschen. Du kannst 100 Bücher lesen, 100 Coachings besuchen, dir Wissen aneignen und mit anderen diskutieren: Du wirst keinen Erfolg haben, wenn du die Theorie nicht in die Praxis umsetzt. Und die Praxis ist nun einmal: Ziele definieren, Aufgaben geben, Arbeit erledigen und Ziele erreichen.

Passiv Geld zu verdienen heißt nicht, passiv zu sein. Wer passiv Geld verdienen will, arbeitet ein paar Wochen, Monate und Jahre härter als jemals zuvor in seinen Leben, um dann einmal passiv sein zu dürfen.

Ist dir das zu ehrlich? Nein, das ist Network Marketing.

4.8. Gespräche mit der Familie – Männer, unterstützt eure Frauen!

Ich weiß, dass ein Network-Marketing-Geschäft eine große Herausforderung sein kann. Du musst dich nicht nur jeden Tag selbst motivieren und andere überzeugen, du musst vor allem auch deine Familie überzeugen. Wie haben dein Partner, deine Eltern, Kinder und Geschwister reagiert, als du ihnen von deinem neuen Zukunftsplan erzählt hast? Sind sie dir vor Begeisterung um den Hals gefallen und haben dir zu deiner mutigen Entscheidung gratuliert? Haben dich dein Partner, deine Freunde und Bekannten mit stärkenden Worten unterstützt? Oder haben sie eher skeptisch reagiert? Leider erntet nicht jeder Networker Jubelschreie, wenn er sein Vorhaben verkündet, und genau in diesem Moment ist es wichtig, sich nicht ins Bockshorn jagen zu lassen. Mein Tipp lautet vielmehr: Miteinander reden! Denn dein Einstieg ins Network Marketing sollte dich weder deine Beziehung noch deine Selbstverwirklichung kosten.

Wer auf eigenen Beinen steht und ein Singleleben führt, kann seine freie Zeit größtenteils selbst bestimmen. Wer allerdings in einer Ehe oder einer Partnerschaft lebt, der muss und sollte seinen Partner in Entscheidungen seines Lebens mit einbeziehen. Leider kommt es immer wieder vor, dass Neueinsteiger im Network Marketing auf Unverständnis stoßen, wenn sie ihrem Partner begeistert berichten, jetzt selbständig ein neues Business aufbauen zu wollen. Du solltest in diesem Moment nicht enttäuscht sein, vielmehr solltest du herausfinden, aus welchem Grund dein Partner so ablehnend reagiert. Vielleicht wundert er sich, dass du so viel Zeit mit deinem Smartphone oder am Computer in den sozialen Medien verbringst, weil er nicht nachvollziehen kann, dass du hier einen Job machst und keineswegs nur aus Spaß online bist. Vielleicht hat er zu wenig Wissen rund um das Thema Network Marketing und kann sich nicht vorstellen, wie von zu Hause aus online Geld verdient werden kann. Hier wäre es gut, wenn du ihm weitere Informationen zukommen lässt. Vielleicht ist er aber auch etwas eifersüchtig, weil du fortan weniger Zeit mit ihm verbringst, weil du strategisch dein Geschäft aufbauen willst.

Klärende Gespräche sind reinigend und so müssen Unklarheiten beseitigt werden, denn sonst kämpfst du täglich gegen Windmühlen an, und das kostet dich ein hohes Maß an Kraft. Wenn dein Partner nicht an die Branche, an die Vertriebsform oder an dich glaubt, dann frage ihn ganz direkt: Warum? Glaubst du nicht daran, dass ich das schaffen kann, was vor mir schon tausende andere Vertriebspartner geschafft haben? Frage ihn, ob er es nicht auch schön finden würde, wenn ihr in Zukunft mehr Zeit miteinander verbringen könntet und mehr Geld hättet. Und fordere Ehrlichkeit ein. Frage ihn direkt und lass dich nicht mit einem hingeworfenen Kommentar abspeisen. Wenn er nicht an die Branche glaubt, dann darfst du ihm gern erläutern, dass diese Branche einen ganz großen und sehr wichtigen Wirtschaftszweig darstellt und dass dieser Wirtschaftszweig weltweit von Jahr zu Jahr wächst. Sicherlich kennt dein Partner die ein oder andere Firma, die Millionen, gar Milliarden Umsätze und zigtausend Arbeitsplätze geschaffen und Network Marketing als Vertriebsformen gewählt hat und die seit vielen Jahrzehnten erfolgreich am Markt besteht. Er muss nicht daran glauben, dass die Branche funktioniert, denn dass sie funktioniert, steht ja außer Frage. Network Marketing existiert in allen Ländern dieser Welt, und sogar in ärmeren Ländern erzielen Menschen an der Seite eines Network-Marketing-Unternehmens einen Zuverdienst. Du kennst die Vorteile von Network Marketing: Network Marketing ist die einzige Chance, wohlhabend zu werden, ohne reich geboren zu sein, ohne Kapital aufbringen oder eine besondere Ausbildung oder Erfahrung vorlegen zu müssen. Aus allen gesellschaftlichen Schichten gibt es Erfolgsmeldungen von Vertriebspartnern, die durch Network Marketing ihr Leben komplett auf den Kopf gestellt haben. Dein Partner muss also nicht an Network Marketing glauben, denn das Business ist bereits da. Er muss an dich glauben und sollte dich daher unbedingt ernst nehmen und unterstützen. Was die anderen sagen, kann dir egal sein, letztlich können Freunde oder Familienmitglieder anderer Meinung sein, aber dein Partner, der sollte dich auf jeden Fall motivieren und den Weg an deiner Seite mitgehen. Bitte lass dich nicht provozieren, wenn er am Abend nach deinem Tagesverdienst fragt. Lächle ihn freundlich an und entgegne, dass gut Ding Weile haben will. Es ist ganz normal, dass die Einkommensgrenze am Anfang sehr niedrig ist, mit der Anzahl neuer Kontakte, neuer Kunden und Partner im Team aber ansteigen wird. Zuerst muss Zeit investiert werden, ohne dass es dafür sofort einen Gegenwert gibt. Doch diese Zeit wird sich später auszahlen. Genau das ist Network Marketing, und genau so kannst du es deinem Partner erklären.

Frauen wünschen sich Gleichberechtigung, sie wollen eine Chancengleichheit und lassen sich dennoch in der Partnerschaft sehr oft kleinhalten. Tatsächlich ist es in der heutigen Zeit in vielen Familien immer noch so, dass der Mann als der Ernährer gilt und der Frau die Rolle als Hausfrau und Mutter zugeschrieben wird. Als sich Leyla selbständig machen wollte, da war für mich klar, dass ich sie ehrlich unterstützen werde.

Ich weiß, wie viele Männer ticken. Sie wollen nicht, dass ihre Frauen erfolgreicher sind und mehr Geld verdienen als sie selbst. Vielleicht werden die Frauen bekannt, rücken in den Fokus der Öffentlichkeit und sie selbst in den Hintergrund. Das kratzt an ihrer Ehre. Was für ein Quatsch! Ich sage: Männer, unterstützt eure Frauen! Seid stolz, wenn eure Frau später einmal 4.000 bis 5.000 Euro im Monat verdient. Eure Frau leistet damit einen wertvollen Beitrag für die ganze Familie. Frauen wollen sich nicht als Ernährer positionieren, sie wollen sich und der Familie aber Wünsche erfüllen. Die Frauen bauen sich ihr Business nicht auf, weil sie geldgierig sind, sondern weil sie nach Sicherheit streben. Hier sollten wir Männer ruhig einmal umdenken. Network Marketing ist kein Risiko, sondern eine Gelegenheit: Die Frau investiert kein Geld in ihr Geschäft, sie legt sich kein teures Warenlager an, sie muss keine Produkte versenden und sie stellt keine Mitarbeiter ein.

Es ist ganz wichtig, dass du dich nicht verunsichern lässt, wenn dich liebe Menschen bremsen wollen. Auf ihre Art meinen sie es gut, sie können deinen Elan einfach nur nicht nachvollziehen. Ich kenne diese Situationen aus eigener Erfahrung und ich weiß, wie schwer es ist, sich gegen die Meinung anders denkender Menschen zu behaupten. Glücklicherweise ziehen Leyla und ich an einem Strang. Wir leben 24/7 – also 24 Stunden am Tag an sieben Tagen in der Woche – unser Business mit Haut und Haaren, und so ist es für uns ganz selbstverständlich, dass beim gemeinsamen Essen das Handy auch mal neben unserem Teller liegt und wir auch darauf schauen, wenn es piept. Wir haben das gegenseitige Verständnis füreinander, das ist aber leider nicht in allen Partnerschaften so. Ich wünsche dir, dass dich dein Partner unterstützt. Denn Stärke und Männlichkeit drücken sich in einer bedingungslosen Unterstützung aus.

4.9. Stärke deine Persönlichkeit

Dieses Buch gibt dir die Klarheit, die du brauchst, um das Geschäftsmodell Network Marketing zu verstehen. Es enthält die Wahrheit und wertvolle Tipps. Jetzt hast du verstanden, dass ein eigenes Network-Marketing-Geschäft dich zu all deinen Zielen führen kann und dass es ein Privileg ist, in Freiheit leben zu dürfen. Network Marketing ist für Verzweifelte die große Chance, für Arbeitnehmer die Möglichkeit eines zweiten Standbeins und für Unternehmer der Plan B. Doch es reicht nicht aus, nur umzusetzen, was vorgesagt wird. Ein Network-Marketing-Profi verfolgt nicht nur das Ziel des Erfolgs, sondern er arbeitet täglich auch an sich selbst. Er ist bestrebt, jeden Tag ein Stückchen besser zu werden, in seiner Persönlichkeit zu wachsen, Erfahrungen zu machen und sein Wissen zu erweitern. Ein Network-Marketing-Profi ist eine Führungskraft, die sich stets weiterbildet, die lernt und aus Erlebtem neue Schlüsse zieht.

Ich wiederhole mich gern, wenn ich sage, dass es im Network Marketing keine Abkürzung gibt. Es gibt keine schnelle Lösung und keinen Erfolg ohne Disziplin, und Kontakte werden nur entstehen, wenn dein Mut über die Angst siegt. Wir haben auf den zurückliegenden Seiten darüber gesprochen, wie das Geschäft richtig gearbeitet werden muss, damit neue Kunden und Partner gewonnen werden. Wir haben über die richtige Denkweise gesprochen, die dich aus deinen Begrenzungen holt, und ich habe dir vermittelt, dass Network Marketing ein Marathon ist und kein Sprint. Dein Team wird langsam wachsen. Erinnerst du dich an das Blatt Papier, auf dem all die Kreise aufgemalt sind, die dir die Macht der Duplikation gezeigt haben? Genau so wächst auch du.

Du sammelst jeden Tag neue Erfahrungen, du lernst dazu und du gewinnst an Stärke, Zuversicht und Stabilität. Die Persönlichkeitsentwicklung ist ein wichtiger Bereich im Network Marketing, und wenn du dir erfolgreiche Partner in deinem Unternehmen anschaust, dann erkennst du, wie positiv sie sich seit ihrem Start entwickelt haben. Auch du wirst dich entwickeln. Mit jedem Nein wirst du stärker, jeder neue Kunde pusht dein Selbstvertrauen und jeder weitere Partner im Team zeigt dir, was alles möglich ist.

Wenn du heute in den Spiegel schaust, dann kannst du sehen, wer dir in zwölf, 24 oder 36 Monaten entgegenblickt. Du wirst begeistert sein. Und wenn du heute Abend ins Bett gehst, dann kannst du stolz auf dich sein, wenn du erreicht hast, was du dir vorgenommen hast. Wenn aus einem Theoretiker ein Praktiker wird, der sein großes Warum gefunden hat, dann wird aus genau dieser Person ein echter Network Marketing Professional.

Arbeite nicht nach Lust und Laune, sondern arbeite wie ein Profi. Denke und handle wie ein Profi und führe dein Team, wie auch du geführt werden willst. Die Weichen für deinen Erfolg sind mit diesem Buch gestellt, jetzt liegt es an dir, deine persönliche Entwicklung voranzutreiben.

Du weißt: Positives Denken ist schön, aber nur positives Handeln erzielt Resultate.

5. Unterstützung & Tools

»Wer nicht mit der Zeit geht, der geht mit der Zeit.«

Wenn du Fragen hast, nicht weiterkommst oder nicht weißt, wie du auf Anfragen von Interessierten reagieren sollst, dann ist dein direkter Ansprechpartner immer dein Sponsor, also die Person, die dich in das Geschäft gebracht hat und unter der du registriert bist. Die Praxis hat allerdings gezeigt, dass Partner im Arbeitsalltag mit Fragestellungen konfrontiert werden, bei denen auch der Sponsor manchmal nicht weiterhelfen kann. Auch kann es sein, dass der Kontakt zum Sponsor eingeschlafen ist, dass er nicht erreichbar oder gar nicht mehr aktiv ist. Wer sich selbst zu helfen weiß und weiß, wo er die Antworten auf seine Fragen findet, ist gut beraten. Oft reicht ein Blick in das Backoffice oder in die Unterlagen, die das Unternehmen seinen Partnern zur Verfügung stellt, aus. Eine Diskussion im Team oder das wiederholte Lesen des Vergütungsplans kann ebenso Licht in die Dunkelheit bringen. Wer allerdings den Kontakt zum Unternehmen braucht, findet hier immer auch eine Servicenummer (Hotline) mit einem angeschlossenen Support, der weiterhelfen kann. Wer mit einem deutschen Network-Unternehmen zusammenarbeitet, kann sicher sein, dass ihm schnell geholfen wird. Bei Unternehmen, die zwar weltweit agieren, ihren Hauptsitz aber beispielsweise in den USA haben, gestaltet sich die Kontaktaufnahme oftmals schwierig. Hier bleibt zu hoffen, dass es einen deutschsprachigen Support gibt und dass dieser auch reagiert.

Als gute Informationsquelle hat sich auch das Internet erwiesen, denn hier tauschen sich viele Vertriebspartner untereinander aus, kommunizieren beispielsweise in Facebook-Gruppen, laden Youtube-Videos mit Erklärungen hoch oder können kontaktiert werden, wenn etwas geklärt werden will. Allerdings kommt es hier immer darauf an, wie auskunftsfreudig die jeweilige Person ist, denn Networker sind manchmal sehr eigenwillig, wenn sie Auskunft geben sollen, falls der Partner nicht zum eigenen Team gehört. Es gibt Unternehmen, die fördern eine Struktur übergreifende Unterstützung; letztlich liegt es aber an jedem Partner selbst, wie weit er anderen Partnern weiterhelfen kann oder will. Grundsätzlich gilt immer die Devise: Fragen kostet nichts.

Unternehmen sind heutzutage so gut aufgestellt, dass sie eine Vielzahl an Materialien bereitstellen, die jeder Vertriebspartner für seinen Geschäftsaufbau nutzen kann und auch sollte.

Als ich vor 24 Jahren mit Network Marketing begonnen habe, da habe ich telefoniert und mich persönlich mit Interessierten verabredet. Ich bin mit dem Auto viele Kilometer zum Termin gefahren, um meinen Gesprächspartnern anhand von Flyern, Katalogen, einer Präsentation und Produktmustern mein Geschäft vorzustellen. Ich wusste vorher nie, ob sich der Zeitaufwand lohnen würde, und viele Fahrten waren damals umsonst. Heute kann durch das Internet anders gearbeitet werden. Kontakte können online geknüpft werden und dank der modernen Technik lassen sich Gespräche nicht mehr nur über das Telefon führen, sondern wir können über Skype oder Facetime miteinander sprechen, in

Messenger-Diensten chatten oder uns über die sozialen Medien oder in Zoom-Calls austauschen. Oder wir schreiben Mails. Facebook, Instagram und Youtube eröffnen uns ungeahnte Möglichkeiten und so kann über das Internet rund um die Uhr, und zwar weltweit von zu Hause aus – tatsäch-lich –, über das Geschäft informiert werden. Eine kurze Präsentation kann ganz bequem per Link versendet werden, letztlich erklärt ein Video besser, als es das gesprochene Wort je könnte. Unternehmen nutzen heutzutage die Macht der Webinare oder zeigen sich live (Beispiel: Live-Übertragung auf Facebook), um schnell, persönlich und authentisch Informationen zu transportieren. Was früher der Brief war, wurde dann zur Mail und ist jetzt der Newsletter oder das Online-Training direkt aus der Zentrale heraus.

Die Digitalisierung ist das Beste, was der Branche passieren konnte, denn obwohl Network Marketing (immer noch) ein Geschäft von Mensch zu Mensch ist und der persönliche Kontakt (immer noch) unabdingbar ist, so erleichtert die Technik den Geschäftsaufbau enorm. All die Tools können genutzt werden, um die Duplikation in Höchstgeschwindigkeit voranzutreiben. Jeder Vertriebspartner sollte daher die moderne Technik nicht als Bedrohung ansehen, sondern als Möglichkeit nutzen, das eigene Team zu stärken. Vielleicht reicht es aus, wenn mit neuen Partnern kurz geskypt oder über WhatsApp geschrieben wird, um eine Frage zu klären. Führungskräfte müssen das Team nicht mehr zu persönlichen Treffen an einen bestimmten Ort einladen, um die weitere Vorgehensweise zu besprechen. Wir müssen heute nicht mehr von A nach B fahren, um uns auszutauschen und zu informieren.

Die Technik sollte uns keine Angst machen, wir sollten sie nutzen. Mein erstes Video bei Facebook sehe ich im Nachhinein als Katastrophe an, aber jetzt möchte ich diese Möglichkeit nicht mehr missen. Ich kann schnell, direkt und auf unkompliziertem Weg eine Vielzahl an Menschen erreichen und informieren. Und du kannst das auch. Ich sehe jeden Tag Vertriebspartner, die ihre ersten Videos posten, die Links versenden und mit Partnern chatten oder einfach nur den Link zu ihrem persönlichen Webshop versenden, so dass der Interessent einkaufen, nachbestellen oder sich registrieren kann. Ich gehöre einer Generation an, die noch mit dem Auto voller Produkte zu einem Hotel gefahren ist, alles ausgepackt und ins Hotel geschleppt hat, dann eine Präsentation hielt, um die Menschen aus der Nähe zu informieren und für die Geschäftsidee und die Produkte zu begeistern. All das hat Zeit, Geld und Nerven gekostet. Und auch wenn viele Leute kamen, so wusste man doch nie, wer sich auch einschreiben würde. Auch habe ich Präsentationen in Wohnzimmern abgehalten und so genannte Einarbeitungsschulungen beim Partner im Wohnzimmer durchgeführt, weil es die Möglichkeiten der Digitalisierung noch nicht gab. Ich muss lachen, wenn ich heute daran denke, aber so sah damals die Arbeit als Networker aus. Deshalb ist es für mich unverständlich, dass sogenannte Profis oder Führungskräfte, die zur damaligen Zeit gestartet sind und heute große Einkommen generieren, diese Arbeitsweisen immer noch schulen. Heute ist es so unglaublich einfach geworden, neue Kontakte zu knüpfen, den Menschen Informationen weiterzugeben und sie für das Geschäft zu begeistern. Es braucht nur wenige Klicks. Mit einem Stift, einem Schreibblock, dem Handy (Tablet oder Computer) und einer Internetleitung kann heutzutage von überall auf der Welt online ein Geschäft aufgebaut werden, wenn du willst sogar aus der Jogginghose heraus vom Küchentisch aus. Du kannst über das Internet mit Menschen in Kontakt treten, die du analog nie getroffen hättest. Wenn du es dann schaffst, dein Geschäft innerhalb von drei bis fünf Minuten am Telefon mit Begeisterung zu erklären, dann wirst du schaffen, was heutzutage als Network-Marketing-Profi normal sein sollte: nämlich täglich ***EINE ERSTLINIE*** zu sponsern!

Und dennoch warne ich auch hier noch einmal ausdrücklich davor, zu glauben, dass die Technik die Arbeit erledigt. Das ist nicht so. Die Technik kann dir die Arbeit erleichtern, aber sie baut dir nicht automatisch ein Team auf. Nutze die Tools, die dir deine Firma an die Hand gibt, und hier meine ich nicht nur die digitalen Inhalte. Dieses Buch hier ist ein Old-School-Tool (und es wird nicht als E-Book erscheinen), das du immer wieder durchblättern kannst und das dir wichtige Informationen gibt, die du im Internet in dieser Form nicht findest. Das hat einen anderen Wert. Ebenso sind Flyer, Aufsteller oder Merchandise-Artikel wichtig, um in der Öffentlichkeit auf die Produkte und das Unternehmen aufmerksam zu machen. Auf einer Messe bleibst du an einem Aufsteller und einer Produktauswahl stehen, nicht aber, wenn lediglich ein Informationsfilm über einen Monitor läuft. Ich will damit sagen, dass ein Unternehmen möglichst vielfältig aufgestellt sein sollte. Broschüren und Materialien erleichtern die Arbeit des Vertriebs und digitale Inhalte wie Newsletter oder Webinare gehören einfach in der heutigen Zeit mit dazu. Doch Webinare sollten nur ergänzen und nicht den persönlichen Austausch komplett ersetzen. Eine Veranstaltung vor Ort ist nicht nur eine hervorragende Gelegenheit, um die Unternehmensspitze live zu erleben und kennenzulernen, sondern sie fördert auch den Austausch im Team, die Kommunikation mit anderen Partnern des Unternehmens, und außerdem kann diese Stimmung, die bei solch einem Zusammentreffen herrscht, niemals online entstehen.

Wie intensiv du die moderne Technik für den Geschäftsaufbau nutzt, musst du ausprobieren und selbst entscheiden. Ich selbst schule und coache täglich mehrere Facebook-Gruppen beim Spaziergang mit unserem Hund, allein durch die einzigartige Möglichkeit des Facebook-Lives. Dadurch ist es uns gelungen, hunderte von Menschen zu motivieren, die innerhalb kürzester Zeit zwischen zehn und 40 Kilogramm Körpergewicht verloren haben. Unerfahrene Networker haben durch das tägliche Coaching zwischen 20 und 50 Erstlinien im Monat gesponsert und sie alle wurden tagesaktuell und krisenaktuell geschult. Das ist kein Vergleich zu einem Video, das ich aufnehme und ins Netz stelle, das durch die Schnelllebigkeit in der heutigen Zeit in wenigen Wochen keinen Nutzen mehr haben könnte. Tipps und Wissen lässt sich über tägliche Lives vermitteln, denn hier wird vermittelt, was gerade jetzt funktioniert. Während ein Vertriebspartner gern mit anderen Menschen persönlich zusammen ist, tauscht sich ein anderer lieber am Telefon aus. Ein dritter erstellt eine interne WhatsApp-Gruppe für sein Team, auf die alle Partner Zugriff haben und in der Fragen beantwortet werden. Der eine übergibt Flyer, der andere sendet einen Link. Du kennst mein Beispiel von dem großen Büfett, an dem sich jeder bedienen darf und sich nimmt, was ihm am besten gefällt. Mit den Tools ist es genauso. Wähle aus, was zu dir und deiner Arbeitsweise passt. Wichtig ist, dass du die Tools und Materialien nutzt, die dir dein Unternehmen an die Hand gibt. Du musst keine neuen Präsentationen erstellen, du brauchst keine Videos zu drehen, zu schneiden und zu vertonen. Du musst keine eigenen Flyer drucken lassen oder das Rad neu erfinden. Dein Unternehmen weiß genau, was der Vertrieb braucht – oder sollte es wissen –, und so solltest du vertrauen und zu den Materialien greifen, die dir zur Verfügung stehen.

6. Tag der Entscheidung

Nicht der Tag, an dem du dich bei deinem Partnerunternehmen registriert hast, ist der Tag, der zählt, nein, es ist der Tag, an dem du dich entscheidest, nicht nur wie ein Network-Profi zu denken, sondern auch so zu arbeiten.

Für die meisten Menschen gibt es wichtige und nicht so wichtige Dinge im Leben. Hierzu möchte ich dir eine Liste aufzeigen:

Wichtig	*Nicht so wichtig*
Job	Network-Marketing-Geschäft
Familie	
Gesundheit	
Freunde	
Hobby	

Erkennst du, worauf ich hinaus will?

Solange du dein Network-Marketing-Geschäft nicht auf die linke Seite der Tabelle rückst, so lange wird sich niemals auch nur ansatzweise ein erfolgreiches Geschäft daraus entwickeln. Erst in dem Moment, in dem du dein Geschäft genau so wichtig nimmst, wie deinen Job (der dir 2.000 Euro einbringt), und so wichtig nimmst, wie deine Freunde, die dich zur Party einladen wollen, erst dann bist du an DEINEM TAG DER ENTSCHEIDUNG angekommen und kannst arbeiten wie ein Prof.

Deine Vorgehensweise als Profi:

1. Du setzt dir sofort glasklare Ziele: die Ziele, die du in diesem Monat erreichen willst. Und diese Ziele teilst du durch die Anzahl der Tage des Monats, und somit weißt du genau, was du jeden einzelnen Tag tun musst, um dein Tagesziel zu erreichen!

2. Du trägst die Zeit in deinen ganz persönlichen Planer ein (wenn du keinen Planer hast, dann findest du einen in meinem Shop für 365 Tage), die du täglich für dein Geschäft reserviert hast, und arbeitest in dieser eingetragenen Zeit dein Network-Marketing-Geschäft – und das ohne Wenn und Aber!

3. Du verpflichtest dich gegenüber deinem Chef (das bist du selbst), diese Aufgaben die nächsten 30 Tage konsequent durchzuziehen!

4. Du arbeitest sofort deine ganz persönliche Geschäftspräsentation aus, die du ohne Fotos und weitere Hilfsmittel einer anderen Person in drei Minuten am Telefon vorstellen kannst!

5. Du rufst täglich so viele Menschen von deiner Kontaktliste an, mit dem Ziel, ihnen nur diese Information zu geben und keinesfalls mit der Absicht, sie zu sponsern oder ein Produkt zu verkaufen. Das einzige Ziel ist, dein Tagesziel zu erreichen!

6. ***Du fängst am Ende der 30 Tage wieder bei Punkt 1 an!!!***

Mit dieser Arbeitsweise haben

Jasmin	in 17 Monaten	494 Erstlinien gesponsert
nebenberuflich!		
Bianca	in 19 Monaten	837 Erstlinien gesponsert
nebenberuflich!		
Tanja	in 20 Monaten	230 Erstlinien gesponsert
nebenberuflich!		
Nicole	in 20 Monaten	436 Erstlinien gesponsert
nebenberuflich!		
Stefanie	in 27 Monaten	439 Erstlinien gesponsert
nebenberuflich!		

Und während der Wochen, in denen ich diese Zeilen hier schreibe, wurden diese Resultate noch einmal getoppt!

Du entscheidest, ob deine Arbeitsweise so bleiben soll, wie dir die mega Führungskraft in deinen Unternehmen vorgibt (wie diese es vielleicht vor 20 Jahren gemacht hat, inklusive Hotelpräsentationen, Leute besuchen und professionellen Terminabsprachen mit Einwandbehandlung, um zwei Erstlinien pro Woche zu gewinnen ...), oder ob du den heutigen Tag zu ***DEINEM*** Tag der Entscheidung machst und dein Network-Marketing-Geschäft in Höchstgeschwindigkeit duplizierst!

Wer meint, was zu sein – wird aufhören, was zu werden!

Viel Erfolg!
Stefan Sommer
Network Marketing Coach
www.stefansommer.com